하루를 준비하는

아침 5분수학

계산편

아침5분수학(계산편)의 소개

스스로 알아서 하는 아침5분수학으로 기운찬 하루를 보내자!!!
매일 아침, 아침 밥을 먹으면 하루를 건강하게 보낼 수 있습니다.
마찬가지로, 매일 아침 5분의 계산 연습은 기운찬 하루를 보내게해 줄 것입니다.
매일 아침의 훈련으로 공부에 눈을 뜨는 버릇이 몸에 배게 되어,
스스로 공부하는 습관이 생기게 됩니다.
읽는 습관과 쓰는 습관으로 하루를 계획하고,
준비해서 매일 아침을 상쾌하게 시작하세요.

아침5분수학(계산편)의 활용

1. 아침 학교 가기전 집에서 하루를 준비하세요.
2. 등교후 1교시 수업전 학교에서 풀고, 수업 준비를 완료하세요.
3. 수학시간 전 휴식시간에 수학 수업 준비 마무리용으로 활용 하세요.
4. 학년별 학기용으로 이해하기 쉬운 내용으로 구성되어 학기 시작전 예습용이나 단기 복습용으로 활용하세요.
5. 계산력 연습용과 하루 일과 준비를 할 수 있는 이 교재로 몇달 후 달라진 모습을 기대 하세요.

HAPPY

꿈을 향한 나의 목표

화이팅!!

나는 (하)고 한

(이)가 될거예요!

공부의 목표

예체능의 목표

생활의 목표

건강의 목표

나의 목표를 꼼꼼히 세우고, 목표를 달성하기위해 노력해요^^

SMILE

목표를 향한 나의 실천계획

으싸 으싸!

공부의 목표를 달성하기 위해

1.

2.

3.

할거예요.

예체능의 목표를 달성하기 위해

1.

2.

3.

할거예요.

생활의 목표를 달성하기 위해

1.

2.

3.

할거예요.

건강의 목표를 달성하기 위해

1.

2.

3.

할거예요.

나의 목표를 꼼꼼히 세우고, 목표를 달성하기위해 노력해요^^

월 일정표

이달의일정표를 작성해 보세요!

SUN	MON	TUE	WED	THU	FRI	SAT

메모 하세요!

일주일 일기장

일요일 저녁에 적으세요.

[ ]월 [ ]일

재미있었던 과목 | 친하게 지낸 친구 | 하고 싶은 일 | 잘 못한 일

기억에 남는 일

다음주 각오

[ ]월 [ ]일

재미있었던 과목 | 친하게 지낸 친구 | 하고 싶은 일 | 잘 못한 일

기억에 남는 일

다음주 각오

[ ]월 [ ]일

재미있었던 과목 | 친하게 지낸 친구 | 하고 싶은 일 | 잘 못한 일

기억에 남는 일

다음주 각오

[ ]월 [ ]일

재미있었던 과목 | 친하게 지낸 친구 | 하고 싶은 일 | 잘 못한 일

기억에 남는 일

다음주 각오

월 일정표

이달의일정표를 작성해 보세요!

SUN	MON	TUE	WED	THU	FRI	SAT

메모 하세요!

일주일 일기장

일요일 저녁에 적으세요.

[ ] 월 [ ] 일

재미있었던 과목 | 친하게 지낸 친구 | 하고 싶은 일 | 잘 못한 일

기억에 남는 일 | 다음주 각오

[ ] 월 [ ] 일

재미있었던 과목 | 친하게 지낸 친구 | 하고 싶은 일 | 잘 못한 일

기억에 남는 일 | 다음주 각오

[ ] 월 [ ] 일

재미있었던 과목 | 친하게 지낸 친구 | 하고 싶은 일 | 잘 못한 일

기억에 남는 일 | 다음주 각오

[ ] 월 [ ] 일

재미있었던 과목 | 친하게 지낸 친구 | 하고 싶은 일 | 잘 못한 일

기억에 남는 일 | 다음주 각오

월 일정표

이달의일정표를 작성해 보세요!

SUN	MON	TUE	WED	THU	FRI	SAT

메모 하세요!

일주일 일기장

일요일 저녁에 적으세요.

[ ] 월 [ ] 일

재미있었던 과목	친하게 지낸 친구	하고 싶은 일	잘 못한 일

기억에 남는 일

다음주 각오

[ ] 월 [ ] 일

재미있었던 과목	친하게 지낸 친구	하고 싶은 일	잘 못한 일

기억에 남는 일

다음주 각오

[ ] 월 [ ] 일

재미있었던 과목	친하게 지낸 친구	하고 싶은 일	잘 못한 일

기억에 남는 일

다음주 각오

[ ] 월 [ ] 일

재미있었던 과목	친하게 지낸 친구	하고 싶은 일	잘 못한 일

기억에 남는 일

다음주 각오

아침5분수학 (계산편)의 차례 1학년 1학기

공부한 날	일차	페이지	내용
월 일	01	01	5까지의 수
월 일	02	03	10까지의 수
월 일	03	05	숫자채우기 (1)
월 일	04	07	숫자채우기 (2)
월 일	05	09	숫자채우기 (3)
월 일	06	11	더 큰 수 알기
월 일	07	13	몇 번째 있을까요? (1)
월 일	08	15	몇 번째 있을까요? (2)
월 일	09	17	5,6,7 이해하기
월 일	10	19	8,9 이해하기
월 일	11	21	10 이해하기
월 일	12	23	수 가르기
월 일	13	25	더하기 (1)
월 일	14	27	더하기 (2)
월 일	15	29	더하기 (3)
월 일	16	31	더하기 (연습1)
월 일	17	33	더하기 (연습2)
월 일	18	35	빼기 (1)
월 일	19	37	빼기 (2)
월 일	20	39	빼기 (3)
월 일	21	41	숫자 0 알기
월 일	22	43	빼기 (연습1)
월 일	23	45	빼기 (연습2)
월 일	24	47	낱개와 묶음
월 일	25	49	묶어서 세기
월 일	26	51	가르기와 모으기
월 일	27	53	20까지의 수
월 일	28	55	더 큰수와 더 작은수 (1)
월 일	29	57	더 큰 수와 더 작은수 (2)
월 일	30	59	더 큰 수 알기

월	일	31	61	더 큰수와 더 작은 수 (연습)
월	일	32	63	수 3개 더하기
월	일	33	65	수 3개 빼기
월	일	34	67	수 3개의 계산
월	일	35	69	수 3개의 계산 (연습1)
월	일	36	71	수 3개의 계산 (연습2)
월	일	37	73	수 3개의 계산 (연습3)
월	일	38	75	더해서 10 넘는 수 (1)
월	일	39	77	더해서 10 넘는 수 (연습1)
월	일	40	79	더해서 10 넘는 수 (2)
월	일	41	81	더해서 10 넘는 수 (연습2)
월	일	42	83	더해서 10 넘는 수 (연습3)
월	일	43	85	더하기 (연습3)
월	일	44	87	10 넘는 수 빼기
월	일	45	89	10 넘는 수 빼기 (연습1)
월	일	46	91	10 넘는 수 빼기 (2)
월	일	47	93	10 넘는 수 빼기 (연습2)
월	일	48	95	10 넘는 수 빼기 (연습3)
월	일	49	97	빼기 (연습3)
월	일	50	99	숫자 생각해 보기
월	일	51	101	50까지의 수
월	일	52	103	묶음과 낱개
월	일	53	105	더 큰 수와 더 작은 수 (3)
월	일	54	107	더 큰 수 알기 (2)
월	일	55	109	더 큰수와 더 작은수 (연습2)
월	일	56	111	수의 위치
월	일	57	113	더하기 (연습4)
월	일	58	115	빼기 (연습4)
월	일	59	117	더하기 (연습5)
월	일	60	119	빼기 (연습5)

(부록) 집중 계산력 연습 8회분

아침5분수학 (계산편)의 구성

1회분이 앞면, 뒷면으로 되어 있습니다.

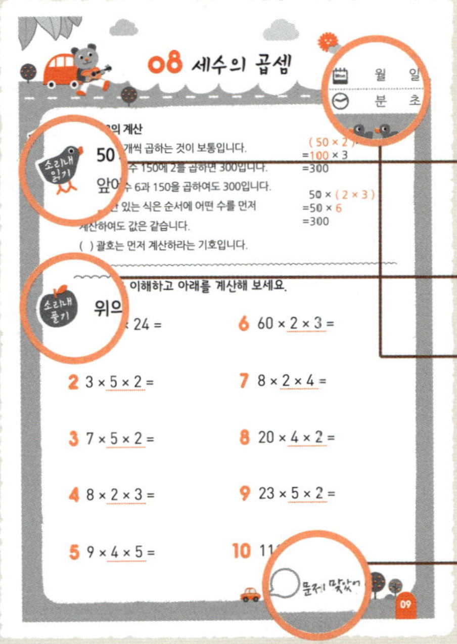

앞장

1. 그날 학습할 내용을 소리 내 읽습니다.

2. 그다음 소리 내 읽으며 계산 연습을 합니다. 계산을 시작하기 전,시계로 시간을 잽니다.

3. 끝났으면, 걸린 시간을 적습니다.

4. 스스로 답을 맞히고, 맞힌 개수를 써넣습니다. 틀린 문제는 다시 풀어봅니다.

뒷장

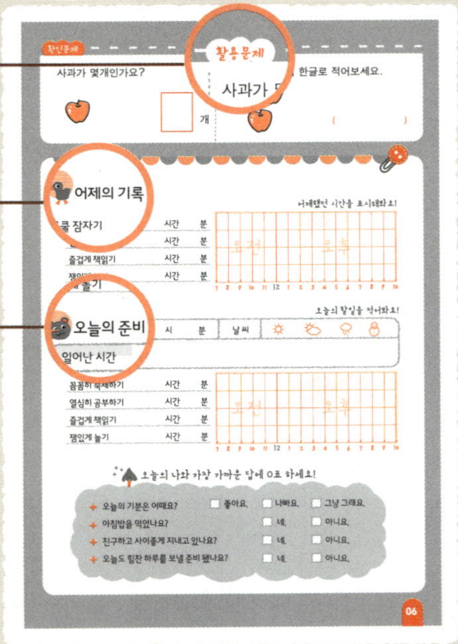

5. 다음 장에서는 확인문제와 활용문제로 반복 학습을 합니다.

6. 어제의 기록에 어제 잠잔 시간, 공부한 시간 등을 표시합니다. 해당시간에 색칠하면 됩니다.

7. 어제의 기록으로 반성하고 오늘의 준비에 오늘을 활기차게 보낼 수 있도록 빈칸에 계획을 적습니다.

01 5까지의 수

월 일
분 초

소리내 읽기

아래 숫자를 읽으면 일, 이, 삼, 사, 오입니다.

1, 2, 3, 4, 5

일, 이, 삼, 사, 오

하나, 둘, 셋, 넷, 다섯 이라고도 읽습니다.

소리내 풀기

네모속의 ●개수를 옆에 화살표 순서대로 정확히 적어 보세요.

1	●	1	1	1	1
2	● ●	2	2	2	2
3	● ● ●	3	3	3	3
4	● ● ● ●	① ② 4	4	4	4
5	● ● ● ● ●	①② 5	5	5	5

tip 하나,둘,셋이나 일,이,삼으로 세고 마지막으로 센수가 개수가 됩니다.

5문제 중 문제 맞았어!

확인문제

1부터 5까지의 수를 네모 속에 적어보세요

1					1				
2					2				
3					3				
4					4				
5					5				

어제의 기록

어제했던 시간을 표시해봐요!

쿨쿨 잠자기	시	분
열심히 공부하기	시간	분
즐겁게 책읽기	시간	분
잼있게 놀기	시간	분

오전 오후

7 8 9 10 11 12 1 2 3 4 5 6 7 8 9 10

오늘의 준비

오늘의 할일을 적어봐요!

일어난 시간	시 분	날씨	☼ ⛅ ☔ ☃
오늘 꼭! 할 일			

꼼꼼히 숙제하기	시간	분
열심히 공부하기	시간	분
즐겁게 책읽기	시간	분
잼있게 놀기	시간	분

오전 오후

7 8 9 10 11 12 1 2 3 4 5 6 7 8 9 10

02 10까지의 수

Mon 월 일

분 초

소리내 읽기

아래 숫자를 읽으면 육, 칠, 팔, 구, 십입니다.

6, 7, 8, 9,10

육, 칠, 팔, 구, 십

여섯, 일곱, 여덟,아홉,열 이라고도 읽습니다.

소리내 풀기

네모속의 ●개수를 화살표 순서로 정확히 적어 보세요.

1	●●●●● ●	6	6	6	6
2	●●●●● ●●	①② 7	7	7	7
3	●●●●● ●●●	8	8	8	8
4	●●●●● ●●●●	9	9	9	9
5	●●●●● ●●●●●	① ② 10	10	10	10

tip 순서 맞게 써야 모양이 바르게 됩니다.

5문제 중 문제 맞았어!

확인문제

6부터 10까지의 수를 네모 속에 적어보세요

6					6				
7					7				
8					8				
9					9				
10					10				

어제의 기록

어제했던 시간을 표시해봐요!

쿨쿨 잠자기	시	분
열심히 공부하기	시간	분
즐겁게 책읽기	시간	분
잼있게 놀기	시간	분

오전 오후

7 8 9 10 11 12 1 2 3 4 5 6 7 8 9 10

오늘의 준비

오늘의 할일을 적어봐요!

일어난 시간	시	분	날씨	
오늘 꼭! 할 일				

꼼꼼히 숙제하기	시간	분
열심히 공부하기	시간	분
즐겁게 책읽기	시간	분
잼있게 놀기	시간	분

오전 오후

7 8 9 10 11 12 1 2 3 4 5 6 7 8 9 10

03 숫자채우기(1)

월 일
분 초

수를 세어 봅니다.

옆에는
사과가 3 개 있고
포도가 4 개 있습니다.

그림을 보고 □에 알맞은 수를 적으세요.

1

2

3

4

5

6

tip 수를 셀때 / 이나 O표시를 해서 두번세거나 빠트리는 일이 없도록 합니다.

6문제 중 문제 맞았어!

사과가 몇개인지 한글로 적어보세요.
(몇 개인지 셀때는 한개, 두개, 세개, 네개, 다섯개로 셉니다.)

 (　　　　개)  (　　　　개)

 (　　　　개)  (　　　　개)

 (　　　　개)  (　　　　개)

어제의 기록

어제했던 시간을 표시해봐요!

쿨쿨 잠자기	시간	분
열심히 공부하기	시간	분
즐겁게 책읽기	시간	분
잼있게 놀기	시간	분

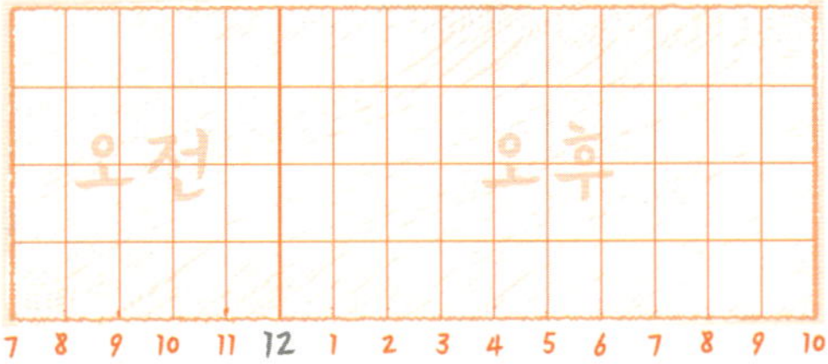

오늘의 준비

오늘의 할일을 적어봐요!

일어난 시간	시　　분	날씨	☼ ⛅ ☔ ☃
오늘 꼭! 할 일			

꼼꼼히 숙제하기	시간	분
열심히 공부하기	시간	분
즐겁게 책읽기	시간	분
잼있게 놀기	시간	분

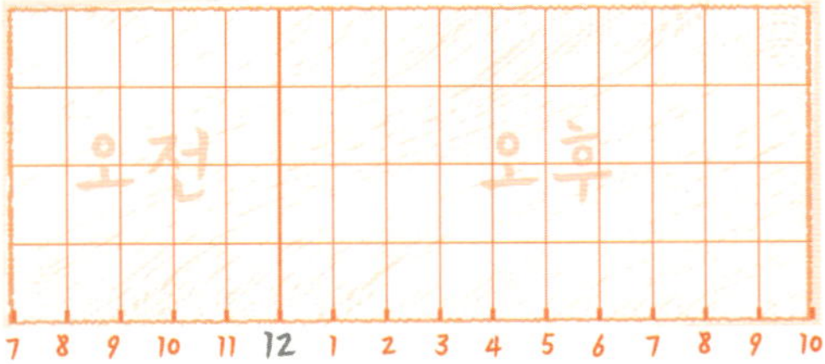

04 숫자채우기(2)

월 일
분 초

소리내 읽기

수를 세어 봅니다.

옆에는
사탕이 7 개 있고,
도너츠가 6 개 있습니다.

소리내 풀기

그림을 보고 □에 알맞은 수를 적으세요

1

□

2

□

3

□

4
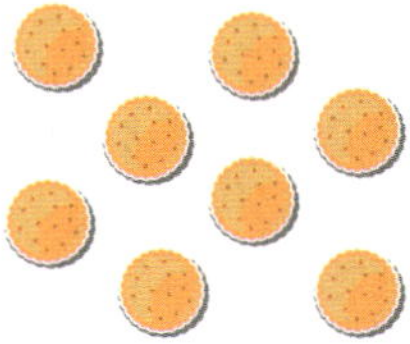
□

5

□

6

□

tip 위의 그림 중에서 제일 좋아 하는 게 뭐에요? 부모님께 알려주세요.

6문제 중 문제 맞았어!

사탕이 몇개인지 한글로 적어보세요.
(몇 개인지 셀때는 여섯개, 일곱개, 여덟개, 아홉개, 열개로 셉니다.)

 (개)

 (개)

 (개)

 (개)

 (개)

 (개)

어제의 기록

어제했던 시간을 표시해봐요!

쿨쿨 잠자기	시간	분
열심히 공부하기	시간	분
즐겁게 책읽기	시간	분
잼있게 놀기	시간	분

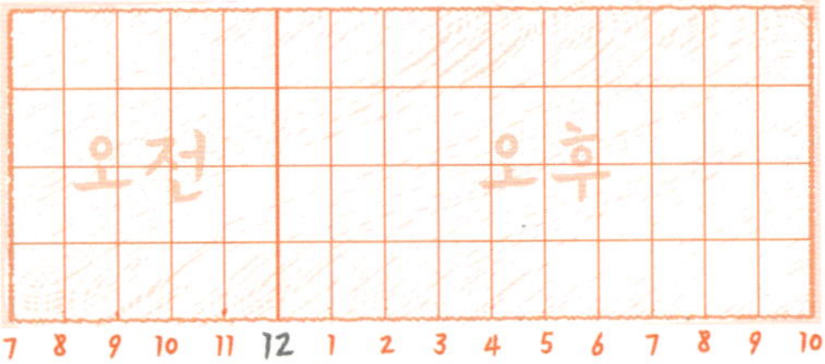

오늘의 준비

오늘의 할일을 적어봐요!

일어난 시간	시 분	날씨	☼ ⛅ ☂ ☃
오늘 꼭! 할 일			

꼼꼼히 숙제하기	시간	분
열심히 공부하기	시간	분
즐겁게 책읽기	시간	분
잼있게 놀기	시간	분

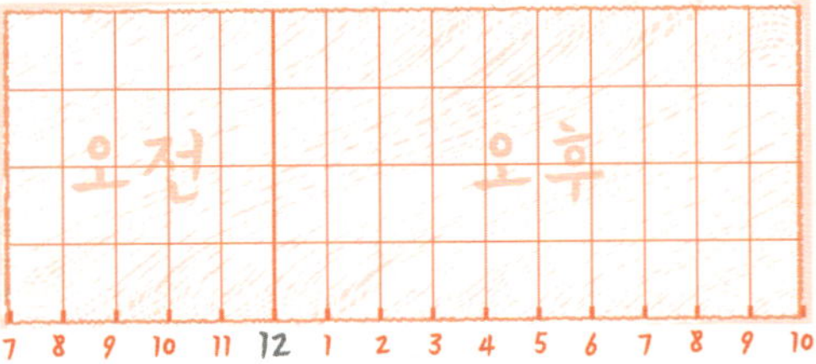

05 숫자채우기(3)

월 일
분 초

소리내 풀기

그림을 보고 몇개인지 □에 적으세요.

1

2

3

4
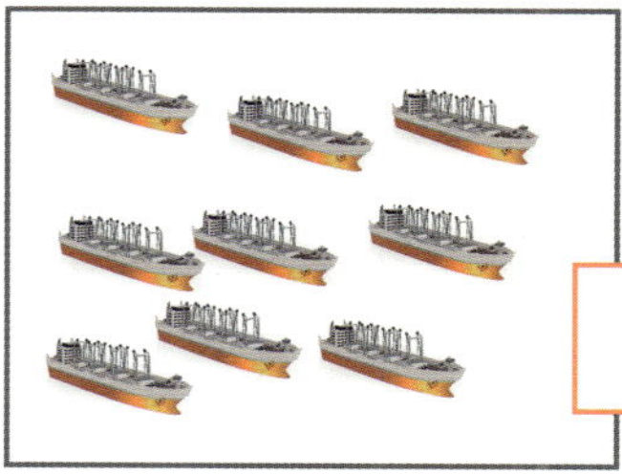

5

6

7

8

tip 두번세거나, 빠르지 말고 선이나 동그라미를 그어 표시하면서 세어보세요.

8문제 중 문제 맞았어!

확인문제 — 활용문제

트럭이 몇개인가요?

□ 개

비행기가 몇개인지 한글로 적어보세요.

(　　　　　)

어제의 기록

어제했던 시간을 표시해봐요!

쿨쿨 잠자기	시간	분
열심히 공부하기	시간	분
즐겁게 책읽기	시간	분
잼있게 놀기	시간	분

오전						오후									
7	8	9	10	11	12	1	2	3	4	5	6	7	8	9	10

오늘의 준비

오늘의 할일을 적어봐요!

일어난 시간	시　분	날씨	☼	
오늘 꼭! 할 일				

꼼꼼히 숙제하기	시간	분
열심히 공부하기	시간	분
즐겁게 책읽기	시간	분
잼있게 놀기	시간	분

오전						오후									
7	8	9	10	11	12	1	2	3	4	5	6	7	8	9	10

오늘의 나와 가장 가까운 답에 O표 하세요!

- ✦ 오늘의 기분은 어때요? □ 좋아요. □ 나빠요. □ 그냥 그래요.
- ✦ 아침밥을 먹었나요? □ 네. □ 아니요.
- ✦ 친구하고 사이좋게 지내고 있나요? □ 네. □ 아니요.
- ✦ 오늘도 힘찬 하루를 보낼 준비 됐나요? □ 네. □ 아니요.

06 더 큰 수 알기

월 일
분 초

소리내 읽기

더 큰 수를 알아보아요.

옆에는

[2] 와 [6] 이 있습니다.

[6] 이 더 큰 수 입니다.

2	6

소리내 풀기

두 개의 수를 읽고 더 큰 수를 □에 적으세요.

번호	수	수	더 큰 수
1	1	4	□
2	3	2	□
3	5	6	□
4	2	3	□
5	7	5	□
6	8	6	□
7	8	7	□
8	9	5	□
9	7	9	□
10	9	10	□

tip 사과 2개 보다 사과 4개가 더 많죠. 수를 셀때 뒤에 세는게 더 큰수입니다.

10문제 중 문제 맞았어!

확인문제

더 큰수를 적어보세요

1	4	

활용문제

윤희는 사과 4개를 가지고 있고
대환이는 사과 1개를 가지고 있습니다.
누가 더 많은 사과를 가지고 있을까요?

(　　　　　　　　)

어제의 기록

어제했던 시간을 표시해봐요!

쿨쿨 잠자기	시	분
열심히 공부하기	시간	분
즐겁게 책읽기	시간	분
잼있게 놀기	시간	분

오전 오후

7 8 9 10 11 12 1 2 3 4 5 6 7 8 9 10

오늘의 준비

오늘의 할일을 적어봐요!

일어난 시간	시 분	날씨	
오늘 꼭! 할 일			

꼼꼼히 숙제하기	시간	분
열심히 공부하기	시간	분
즐겁게 책읽기	시간	분
잼있게 놀기	시간	분

오전 오후

7 8 9 10 11 12 1 2 3 4 5 6 7 8 9 10

오늘의 나와 가장 가까운 답에 O표 하세요!

- 오늘의 기분은 어때요? □ 좋아요. □ 나빠요. □ 그냥 그래요.
- 아침밥을 먹었나요? □ 네. □ 아니요.
- 친구하고 사이좋게 지내고 있나요? □ 네. □ 아니요.
- 오늘도 힘찬 하루를 보낼 준비 됐나요? □ 네. □ 아니요.

07 몇번째 있을까요?

월 일
분 초

소리내 읽기

첫째, 둘째, 셋째, 넷째, 다섯째, 여섯째, 일곱째, 여덟째, 아홉째, 열째

돼지는 앞에서 [5] 번째 있습니다.

개미는 뒤에서 [1] 번째 있습니다.

소리내 풀기

그림을 보고 알맞은 수를 □ 안에 적으세요.

1 위 그림에서, 여우는 앞에서 □ 번째 있습니다.

2 위 그림에서, 사자는 뒤에서 □ 번째 있습니다.

3 위 그림에서, 고추는 왼쪽에서 □ 번째 있습니다.

4 위 그림에서, 배추는 오른쪽에서 □ 번째 있습니다.

tip 몇번째에 있나는 것을 순서라고 하고, 첫째, 둘째 같이 "째"를 붙입니다.

4문제 중 문제 맞았어!

확인문제

앞의 문제에서 옥수수는 오른쪽에서 몇번째 있을까요?

☐ 번째

활용문제

나는 돼지 뒤에 있습니다. 돼지는 두번째 있습니다. 나는 몇 번째 있는지 한글로 적어보세요.

(   )

어제의 기록

어제했던 시간을 표시해봐요!

쿨쿨 잠자기	시	분
열심히 공부하기	시간	분
즐겁게 책읽기	시간	분
재있게 놀기	시간	분

오전 오후

7 8 9 10 11 12 1 2 3 4 5 6 7 8 9 10

오늘의 준비

오늘의 할일을 적어봐요!

일어난 시간	시 분	날씨	☼ ⛅ 🌧 ☃
오늘 꼭! 할 일			

꼼꼼히 숙제하기	시간	분
열심히 공부하기	시간	분
즐겁게 책읽기	시간	분
재있게 놀기	시간	분

오전 오후

7 8 9 10 11 12 1 2 3 4 5 6 7 8 9 10

오늘의 나와 가장 가까운 답에 O표 하세요!

- 오늘의 기분은 어때요? ☐ 좋아요. ☐ 나빠요. ☐ 그냥 그래요.
- 아침밥을 먹었나요? ☐ 네. ☐ 아니요.
- 친구하고 사이좋게 지내고 있나요? ☐ 네. ☐ 아니요.
- 오늘도 힘찬 하루를 보낼 준비 됐나요? ☐ 네. ☐ 아니요.

08 몇번째 있을까요?(2)

월 일
분 초

위와 아래에서 몇번째 있을까요?

소리내 읽기

우산은 위에서 [4] 번째 있습니다.

안경은 아래에서 [2] 번째 있습니다.

그림을 보고 알맞은 수를 □ 안에 적으세요.

소리내 풀기

1 돼지는 위에서 □ 번째 있습니다.

2 돼지는 아래에서 □ 번째 있습니다.

3 토끼는 위에서 □ 번째 있습니다.

4 토끼은 아래에서 □ 번째 있습니다.

5 사자는 위에서 □ 번째 있습니다.

6 사자는 아래에서 □ 번째 있습니다.

tip 위와 아래의 순서도 옆에서 세는 것과 같이 "째"를 똑같이 붙입니다.

6문제 중 ○ 문제 맞았어!

확인문제

앞의 문제에서 밥을 먹으려는 강아지는 위에서 몇번째 있을까요?

☐ 번째

활용문제

한솔이는 우리 아파트 아래에서 3번째인 3층에 삽니다. 우리 집은 한솔이 집보다 2층 위에 있습니다. 우리 집은 아래에서 몇 번째 일까요?

☐ 번째

어제의 기록

어제했던 시간을 표시해봐요!

쿨쿨 잠자기	시	분
열심히 공부하기	시간	분
즐겁게 책읽기	시간	분
재있게 놀기	시간	분

오전						오후									
7	8	9	10	11	12	1	2	3	4	5	6	7	8	9	10

오늘의 준비

오늘의 할일을 적어봐요!

일어난 시간	시 분	날씨	
오늘 꼭! 할 일			

꼼꼼히 숙제하기	시간	분
열심히 공부하기	시간	분
즐겁게 책읽기	시간	분
재있게 놀기	시간	분

오전						오후									
7	8	9	10	11	12	1	2	3	4	5	6	7	8	9	10

오늘의 나와 가장 가까운 답에 O표 하세요!

- 오늘의 기분은 어때요? ☐ 좋아요. ☐ 나빠요. ☐ 그냥 그래요.
- 아침밥을 먹었나요? ☐ 네. ☐ 아니요.
- 친구하고 사이좋게 지내고 있나요? ☐ 네. ☐ 아니요.
- 오늘도 힘찬 하루를 보낼 준비 됐나요? ☐ 네. ☐ 아니요.

09 5,6,7 이해하기

월 일
분 초

소리내 읽기

5는 어떤 수의 합일까요?

5는 3과 [2] 의 합입니다.(5는 3에서 2를 더하면 됩니다.)

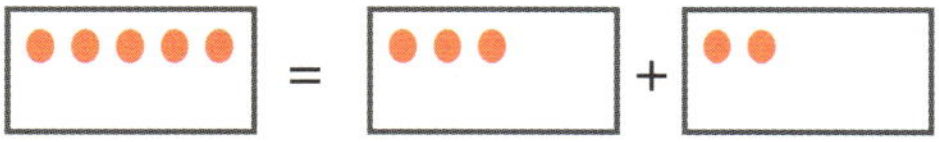

소리내 풀기

□에 알맞은 수를 적으세요.

1 5는 4와 □ 의 합입니다.

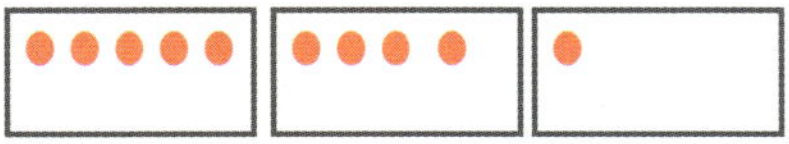

2 5는 2와 □ 의 합입니다.

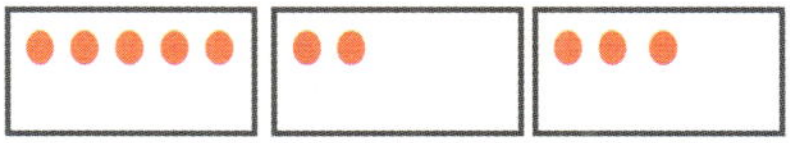

3 6은 5와 □ 의 합입니다.

4 6은 3과 □ 의 합입니다.

5 6은 1과 □ 의 합입니다.

6 6은 2와 □ 의 합입니다.

7 7은 4와 □ 의 합입니다.

8 7은 1과 □ 의 합입니다.

9 7은 3과 □ 의 합입니다.

10 7은 2와 □ 의 합입니다.

tip 그림을 그려서 생각해 보면 쉽게 알 수 있습니다. 손가락을 사용하지 마세요.

10문제 중 문제 맞았어!

확인문제

6은 1과 ☐의 합입니다.

활용문제

나는 사과를 6개를 가지고 있습니다. 동생한테 1개를 주면 나는 몇개를 가지고 있을까요?

(　　　　　　)

어제의 기록

어제했던 시간을 표시해봐요!

쿨쿨 잠자기	시	분
열심히 공부하기	시간	분
즐겁게 책읽기	시간	분
잼있게 놀기	시간	분

오전 오후

7 8 9 10 11 12 1 2 3 4 5 6 7 8 9 10

오늘의 준비

오늘의 할일을 적어봐요!

일어난 시간	시 분	날씨	☼ ⛅ 🌧 ☃
오늘 꼭! 할 일			

꼼꼼히 숙제하기	시간	분
열심히 공부하기	시간	분
즐겁게 책읽기	시간	분
잼있게 놀기	시간	분

오전 오후

7 8 9 10 11 12 1 2 3 4 5 6 7 8 9 10

오늘의 나와 가장 가까운 답에 O표 하세요!

- 오늘의 기분은 어때요? ☐ 좋아요. ☐ 나빠요. ☐ 그냥 그래요.
- 아침밥을 먹었나요? ☐ 네. ☐ 아니요.
- 친구하고 사이좋게 지내고 있나요? ☐ 네. ☐ 아니요.
- 오늘도 힘찬 하루를 보낼 준비 됐나요? ☐ 네. ☐ 아니요.

10 8, 9 이해하기

월 일
분 초

소리내 읽기

8은 어떤 수의 합일까요?

8은 6과 [2] 의 합입니다.

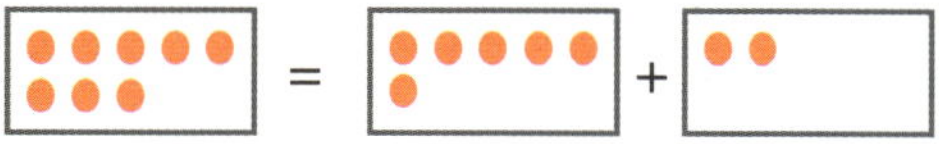

소리내 풀기

□에 알맞은 수를 적으세요.

1 8은 4와 □ 의 합입니다.

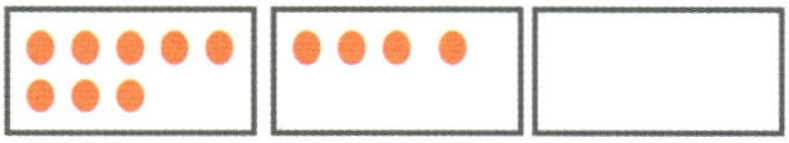

2 8은 2와 □ 의 합입니다.

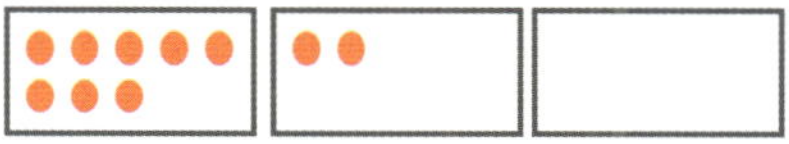

3 8은 5와 □ 의 합입니다.

4 8은 3과 □ 의 합입니다.

5 8은 1과 □ 의 합입니다.

6 8은 6과 □ 의 합입니다.

7 9는 1과 □ 의 합입니다.

8 9는 4와 □ 의 합입니다.

9 9는 3과 □ 의 합입니다.

10 9는 2와 □ 의 합입니다.

tip 손가락을 사용하는 계산방법은 가장 안좋은 계산 방법입니다.

10문제 중 문제 맞았어!

확인문제

8은 3과 ☐ 의 합입니다.

활용문제

나는 지우개 3개를 가지고 있습니다.
동우가 가진 지우개를 합했더니 8개가 되었습니다.
동우는 지우개 몇개를 가지고 있었을까요?

( )

어제의 기록

어제했던 시간을 표시해봐요!

쿨쿨 잠자기	시	분
열심히 공부하기	시간	분
즐겁게 책읽기	시간	분
재있게 놀기	시간	분

오전 오후

7 8 9 10 11 12 1 2 3 4 5 6 7 8 9 10

오늘의 준비

오늘의 할일을 적어봐요!

일어난 시간	시 분	날씨	
오늘 꼭! 할 일			

꼼꼼히 숙제하기	시간	분
열심히 공부하기	시간	분
즐겁게 책읽기	시간	분
재있게 놀기	시간	분

오전 오후

7 8 9 10 11 12 1 2 3 4 5 6 7 8 9 10

오늘의 나와 가장 가까운 답에 O표 하세요!

- 오늘의 기분은 어때요? ☐ 좋아요. ☐ 나빠요. ☐ 그냥 그래요.
- 아침밥을 먹었나요? ☐ 네. ☐ 아니요.
- 친구하고 사이좋게 지내고 있나요? ☐ 네. ☐ 아니요.
- 오늘도 힘찬 하루를 보낼 준비 됐나요? ☐ 네. ☐ 아니요.

11 숫자10 이해하기

월 일
분 초

소리내 읽기

10은 어떤 수의 합일까요?

10은 4와 [6] 의 합입니다.

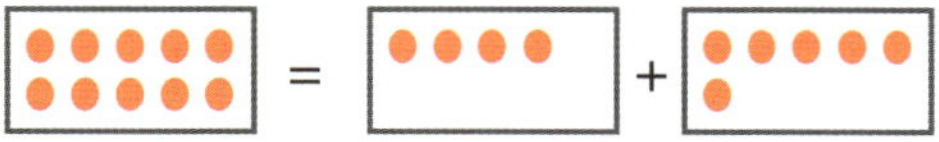

소리내 풀기

□ 에 알맞은 수를 적으세요.

1 10은 4와 □ 의 합입니다.

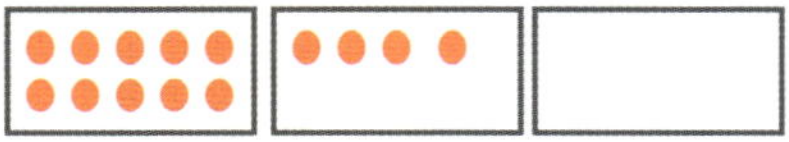

2 10은 2와 □ 의 합입니다.

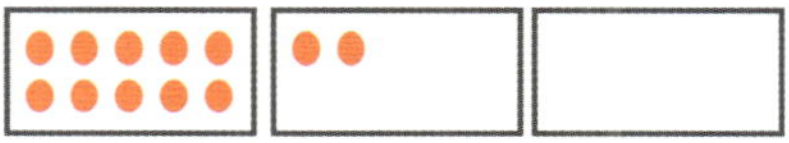

3 10은 5와 □ 의 합입니다.

4 10은 3과 □ 의 합입니다.

5 10은 1과 □ 의 합입니다.

6 10은 6과 □ 의 합입니다.

7 10은 8과 □ 의 합입니다.

8 10은 4와 □ 의 합입니다.

9 10은 9과 □ 의 합입니다.

10 10은 7와 □ 의 합입니다.

tip 수에서 0(영)과 10(십)을 정확히 이해하고 연습해야 실력이 늘어 납니다.

10문제 중 문제 맞았어!

확인문제

10은 6과 [ ] 의 합입니다.

활용문제

우리 태권도장은 칭찬스티커 10개를 모으면 상장을 1개 줍니다. 나는 칭찬 스티커가 6장 있습니다. 몇장을 더 모아야 상장을 받을 수 있을까요?

( )

어제의 기록

어제했던 시간을 표시해봐요!

쿨쿨 잠자기	시	분
열심히 공부하기	시간	분
즐겁게 책읽기	시간	분
잼있게 놀기	시간	분

오전 오후

7 8 9 10 11 12 1 2 3 4 5 6 7 8 9 10

오늘의 준비

오늘의 할일을 적어봐요!

일어난 시간	시 분	날씨	☀ ⛅ ☔ ☃
오늘 꼭! 할 일			

꼼꼼히 숙제하기	시간	분
열심히 공부하기	시간	분
즐겁게 책읽기	시간	분
잼있게 놀기	시간	분

오전 오후

7 8 9 10 11 12 1 2 3 4 5 6 7 8 9 10

오늘의 나와 가장 가까운 답에 O표 하세요!

- 오늘의 기분은 어때요? ☐ 좋아요. ☐ 나빠요. ☐ 그냥 그래요.
- 아침밥을 먹었나요? ☐ 네. ☐ 아니요.
- 친구하고 사이좋게 지내고 있나요? ☐ 네. ☐ 아니요.
- 오늘도 힘찬 하루를 보낼 준비 됐나요? ☐ 네. ☐ 아니요.

12 수 가르기

월 일
분 초

소리내 읽기

위의 수를 2개의 수로 가를 수 있습니다.

5 → 4, [1]

2 → 1, [1]

3 → 2, [1]

소리내 풀기

□에 알맞은 수를 적으세요.

1 3 → 1, □

2 5 → 2, □

3 4 → □, 3

4 7 → □, 1

5 6 → 4, □

6 10 → 5, □

7 9 → 4, □

8 10 → □, 3

9 8 → 6, □

tip 5를 가르는 방법은 (0.5),(1,4),(2,3),(3,2),(4,1),(5,0) 이렇게 6가지입니다.

9문제 중 문제 맞았어!

확인문제

두개의 수로 갈라 보세요.

5

2 □

활용문제

100원짜리 동전 5개가 있으면 아이스크림을 먹을 수 있습니다. 나는 동전이 2개 있습니다. 몇개 더 있어야 아이스크림을 먹을 수 있을까요?

(　　　　　)

어제의 기록

어제했던 시간을 표시해봐요!

쿨쿨 잠자기	시	분
열심히 공부하기	시간	분
즐겁게 책읽기	시간	분
잼있게 놀기	시간	분

오전 오후

7 8 9 10 11 12 1 2 3 4 5 6 7 8 9 10

오늘의 준비

오늘의 할일을 적어봐요!

일어난 시간	시 분	날씨	☀ ⛅ 🌧 ☃
오늘 꼭! 할 일			

꼼꼼히 숙제하기	시간	분
열심히 공부하기	시간	분
즐겁게 책읽기	시간	분
잼있게 놀기	시간	분

오전 오후

7 8 9 10 11 12 1 2 3 4 5 6 7 8 9 10

오늘의 나와 가장 가까운 답에 O표 하세요!

- 오늘의 기분은 어때요? □ 좋아요. □ 나빠요. □ 그냥 그래요.
- 아침밥을 먹었나요? □ 네. □ 아니요.
- 친구하고 사이좋게 지내고 있나요? □ 네. □ 아니요.
- 오늘도 힘찬 하루를 보낼 준비 됐나요? □ 네. □ 아니요.

13 더하기(1)

소리내 읽기

더하기의 표현

4에서 2를 더하면 6이 됩니다.

다르게 표현하면,

4 + 2 = 6 이 됩니다.

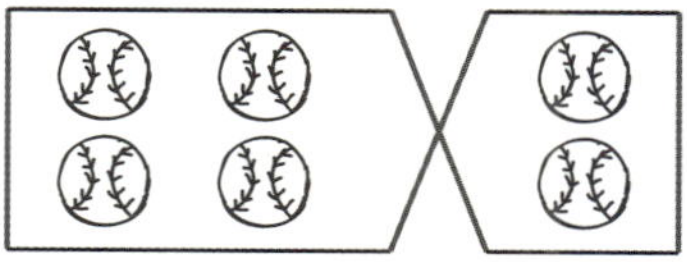

4 + 2 = 6

소리내 풀기

그림을 보고 위와 같이 표현 해 보세요.

1 

숫자와 + 로만 표현하세요

[   ] = [   ]

2 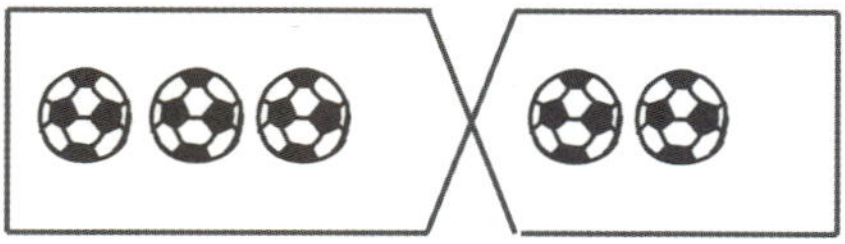

숫자와 + 로만 표현하세요

[   ] = [   ]

3 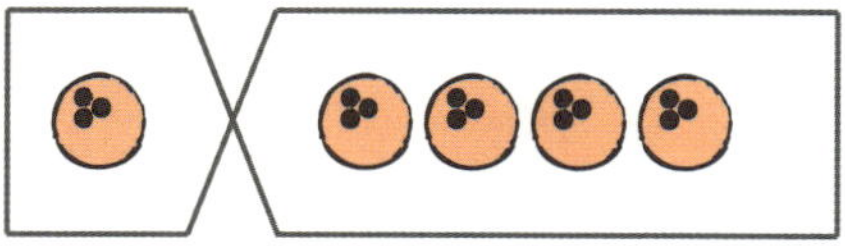

숫자와 + 로만 표현하세요

[   ] = [   ]

4 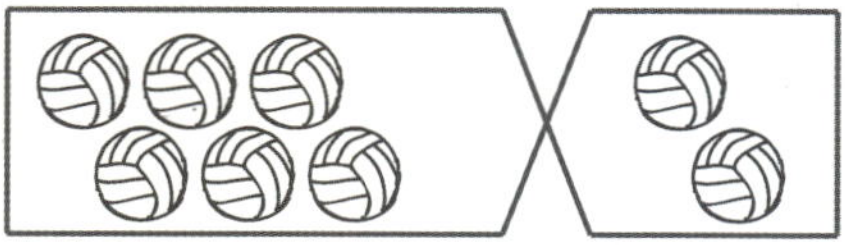

숫자와 + 로만 표현하세요

[   ] = [   ]

5 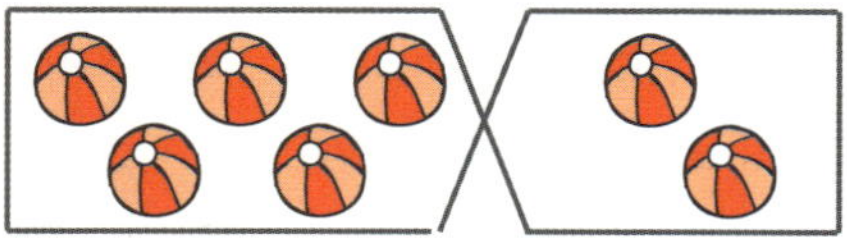

숫자와 + 로만 표현하세요

[   ] = [   ]

tip 숫자와 기호로만 표현하는 것을 "식"이라고 합니다.

5문제 중 문제 맞았어!

확인문제

활용문제

앞에서 배운 방법으로 표현해 보세요

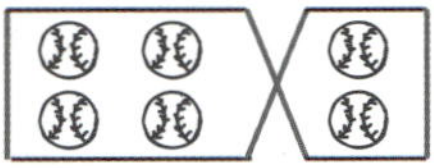

(　　　　　　　　　　)

나는 야구공 4개가 있습니다. 친구가 2개를 주어서 모두 6개가 되었습니다.
이것을 식으로 만들어 보세요.

(　　　　　　　　　　)

어제의 기록

어제했던 시간을 표시해봐요!

쿨쿨 잠자기	시	분
열심히 공부하기	시간	분
즐겁게 책읽기	시간	분
잼있게 놀기	시간	분

오전 오후

7 8 9 10 11 12 1 2 3 4 5 6 7 8 9 10

오늘의 준비

오늘의 할일을 적어봐요!

일어난 시간	시 분	날씨	
오늘 꼭! 할 일			

꼼꼼히 숙제하기	시간	분
열심히 공부하기	시간	분
즐겁게 책읽기	시간	분
잼있게 놀기	시간	분

오전 오후

7 8 9 10 11 12 1 2 3 4 5 6 7 8 9 10

오늘의 나와 가장 가까운 답에 O표 하세요!

- 오늘의 기분은 어때요? ☐ 좋아요. ☐ 나빠요. ☐ 그냥 그래요.
- 아침밥을 먹었나요? ☐ 네. ☐ 아니요.
- 친구하고 사이좋게 지내고 있나요? ☐ 네. ☐ 아니요.
- 오늘도 힘찬 하루를 보낼 준비 됐나요? ☐ 네. ☐ 아니요.

14 더하기(2)

월 일
분 초

소리내 읽기

식을 보고 답하기

4 + 3 을 답과 같이 말하면,
"사 더하기 삼은 칠입니다" 이고
"4 + 3 = 7" 이란 식이 됩니다.

4 + 3 = 7

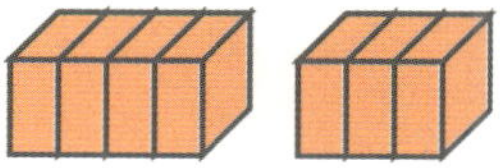

소리내 풀기

아래의 식을 풀어 보세요.

1 1 + 2 =

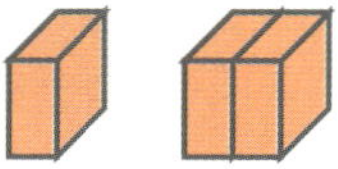

2 2 + 3 =

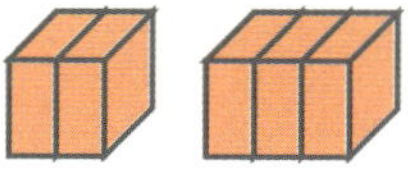

3 5 + 2 =

4 3 + 3 =

5 2 + 4 =

6 3 + 4 =

7 5 + 3 =

8 5 + 4 =

9 4 + 4 =

10 7 + 2 =

11 9 + 1 =

12 3 + 7 =

tip 덧셈과 뺄셈 연습을 많이 하면 느낌으로 답을 알 수 있습니다. 감각이라고 하죠.

12문제 중 문제 맞았어!

확인문제

4 + 3 =

활용문제

4 + 3 = 7 이란 식을 읽는 방법을 한글로 적어보세요.

(   )

어제의 기록

어제했던 시간을 표시해봐요!

쿨쿨 잠자기	시	분
열심히 공부하기	시간	분
즐겁게 책읽기	시간	분
잼있게 놀기	시간	분

오늘의 준비

오늘의 할일을 적어봐요!

일어난 시간	시	분	날씨	
오늘 꼭! 할 일				

꼼꼼히 숙제하기	시간	분
열심히 공부하기	시간	분
즐겁게 책읽기	시간	분
잼있게 놀기	시간	분

오늘의 나와 가장 가까운 답에 O표 하세요!

- 오늘의 기분은 어때요? ☐ 좋아요. ☐ 나빠요. ☐ 그냥 그래요.
- 아침밥을 먹었나요? ☐ 네. ☐ 아니요.
- 친구하고 사이좋게 지내고 있나요? ☐ 네. ☐ 아니요.
- 오늘도 힘찬 하루를 보낼 준비 됐나요? ☐ 네. ☐ 아니요.

15 더하기(3)

월 일
분 초

소리내 읽기

답이 같은 식 찾기

5 + 2 와 4 + 3은 같습니다.

5 + 2와 4 + 3의 답은

7 로 두 식의 값은 같습니다.

5 + 2 = 7
4 + 3 = 7
값이 같습니다.

소리내 풀기

양 옆에 있는 식의 값이 같은 것끼리 줄을 그어 연결하세요.

1	2 + 3	㉮	1 + 4
2	4 + 2	㉯	3 + 3
3	2 + 5	㉰	4 + 3
4	4 + 5	㉱	4 + 6
5	9 + 1	㉲	3 + 6

tip 식 옆에 답을 적고, 자를 사용해서 줄을 그어 보세요.

5문제 중 문제 맞았어!

확인문제

답이 같은 것끼리 줄 그으세요.

4 + 1 •   • 2 + 5

4 + 3 •   • 3 + 2

활용문제

5+2는 7입니다.
이 식의 답과 같기위해서는 4에는 무슨 수를 더해야 할까요?

(   )

어제의 기록

어제했던 시간을 표시해봐요!

쿨쿨 잠자기	시	분
열심히 공부하기	시간	분
즐겁게 책읽기	시간	분
잼있게 놀기	시간	분

오전 오후
7 8 9 10 11 12 1 2 3 4 5 6 7 8 9 10

오늘의 준비

오늘의 할일을 적어봐요!

일어난 시간	시 분	날씨	☼ ⛅ ☂ ☃
오늘 꼭! 할 일			

꼼꼼히 숙제하기	시간	분
열심히 공부하기	시간	분
즐겁게 책읽기	시간	분
잼있게 놀기	시간	분

오전 오후
7 8 9 10 11 12 1 2 3 4 5 6 7 8 9 10

오늘의 나와 가장 가까운 답에 O표 하세요!

- 오늘의 기분은 어때요? ☐ 좋아요. ☐ 나빠요. ☐ 그냥 그래요.
- 아침밥을 먹었나요? ☐ 네. ☐ 아니요.
- 친구하고 사이좋게 지내고 있나요? ☐ 네. ☐ 아니요.
- 오늘도 힘찬 하루를 보낼 준비 됐나요? ☐ 네. ☐ 아니요.

16 더하기(연습1)

월 일

분 초

소리내 풀기

알맞은 수를 적으세요.

1 2 + 1 =

2 5 + 3 =

3 4 + 2 =

4 1 + 3 =

5 3 + 2 =

6 4 + 2 =

7 1 + 4 =

8 5 + 2 =

9 3 + 5 =

10 4 + 5 =

11 6 + 2 =

12 1 + 6 =

13 8 + 1 =

14 3 + 7 =

15 5 + 4 =

16 2 + 6 =

17 1 + 9 =

18 4 + 5 =

19 3 + 7 =

20 2 + 8 =

tip 시작하기 전에 시간을 재어 보세요. 계산은 빠르고, 정확하게...

20문제 중 문제 맞았어!

확인문제

$6 + 2 =$ ☐

활용문제

나는 딱지가 6개 있는데
동생은 나보다 딱지가 2개더 많습니다.
동생은 딱지가 몇개 있을까요?

(　　　　　)

어제의 기록

어제했던 시간을 표시해봐요!

쿨쿨 잠자기	시	분
열심히 공부하기	시간	분
즐겁게 책읽기	시간	분
재있게 놀기	시간	분

오전 오후

7 8 9 10 11 12 1 2 3 4 5 6 7 8 9 10

오늘의 준비

오늘의 할일을 적어봐요!

일어난 시간	시 분	날 씨	☼ ⛅ 🌧 ⛄
오늘 꼭! 할 일			

꼼꼼히 숙제하기	시간	분
열심히 공부하기	시간	분
즐겁게 책읽기	시간	분
재있게 놀기	시간	분

오전 오후

7 8 9 10 11 12 1 2 3 4 5 6 7 8 9 10

오늘의 나와 가장 가까운 답에 O표 하세요!

- 오늘의 기분은 어때요? ☐ 좋아요. ☐ 나빠요. ☐ 그냥 그래요.
- 아침밥을 먹었나요? ☐ 네. ☐ 아니요.
- 친구하고 사이좋게 지내고 있나요? ☐ 네. ☐ 아니요.
- 오늘도 힘찬 하루를 보낼 준비 됐나요? ☐ 네. ☐ 아니요.

월 일
분 초

소리내 풀기

중앙의 수와 중간의 수를 더하여 가장자리에 적으세요.

2 +3의
값을 적으세요.

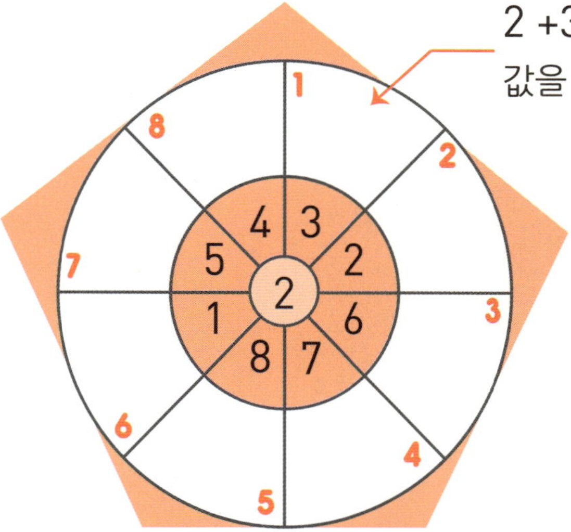

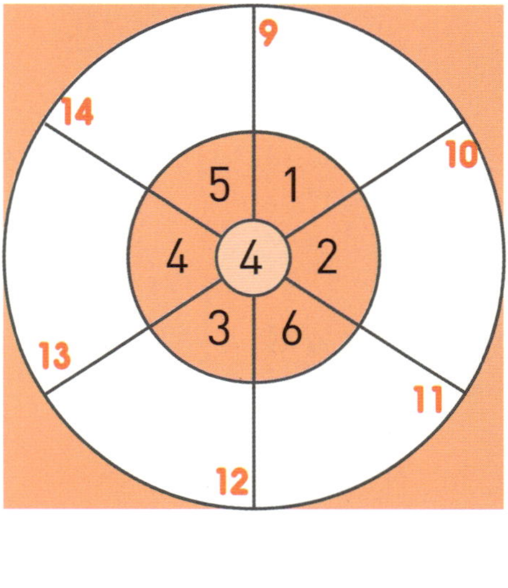

tip 더하기를 묻는 문제인데 모양이 다를 뿐입니다. 차분히 풀어보세요.

14문제 중 문제 맞았어!

확인문제

2 + 8 = [ ]

활용문제

민정이는 인형이 2개 있고, 세린이는 인형이 8개 있습니다. 인형은 모두 몇 개인가요?

( )

어제의 기록

어제했던 시간을 표시해봐요!

쿨쿨 잠자기	시	분
열심히 공부하기	시간	분
즐겁게 책읽기	시간	분
잼있게 놀기	시간	분

오전 오후

7 8 9 10 11 12 1 2 3 4 5 6 7 8 9 10

오늘의 준비

오늘의 할일을 적어봐요!

일어난 시간	시	분	날씨	☼ ⛅ 🌧 ☃
오늘 꼭! 할 일				

꼼꼼히 숙제하기	시간	분
열심히 공부하기	시간	분
즐겁게 책읽기	시간	분
잼있게 놀기	시간	분

오전 오후

7 8 9 10 11 12 1 2 3 4 5 6 7 8 9 10

오늘의 나와 가장 가까운 답에 O표 하세요!

- 오늘의 기분은 어때요? ☐ 좋아요. ☐ 나빠요. ☐ 그냥 그래요.
- 아침밥을 먹었나요? ☐ 네. ☐ 아니요.
- 친구하고 사이좋게 지내고 있나요? ☐ 네. ☐ 아니요.
- 오늘도 힘찬 하루를 보낼 준비 됐나요? ☐ 네. ☐ 아니요.

18 빼기(이해1)

월 일
분 초

소리내 읽기

빼기를 식으로 표현하기

6 에서 2를 빼면 4 가 됩니다.

다르게 표현하면,

6 - 2 = 4 가 됩니다.

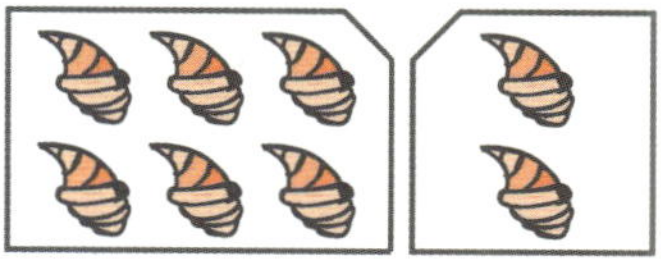

6 - 2 = 4

소리내 풀기

그림을 보고 위와 같은 식으로 표현 해 보세요.

1

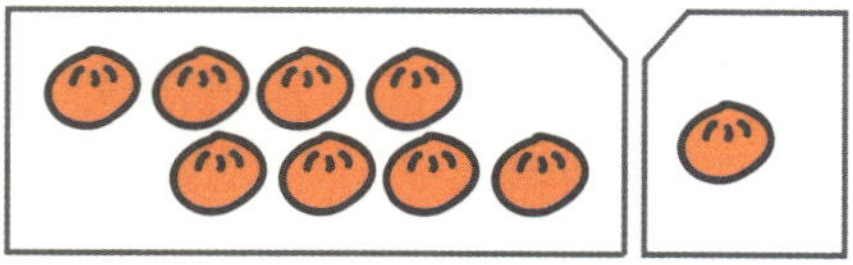

숫자와 - 로만 표현하세요

[ ] = [ ]

2

숫자와 - 로만 표현하세요

[ ] = [ ]

3

숫자와 - 로만 표현하세요

[ ] = [ ]

4

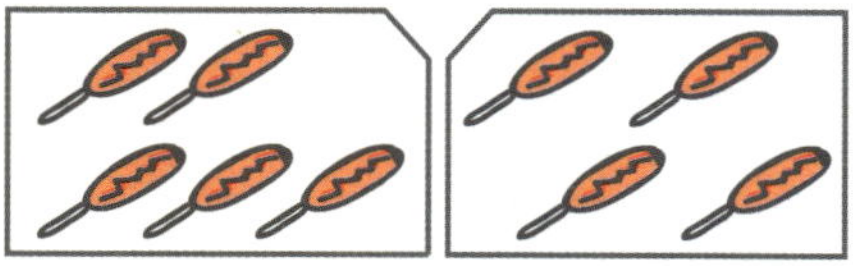

숫자와 - 로만 표현하세요

[ ] = [ ]

5

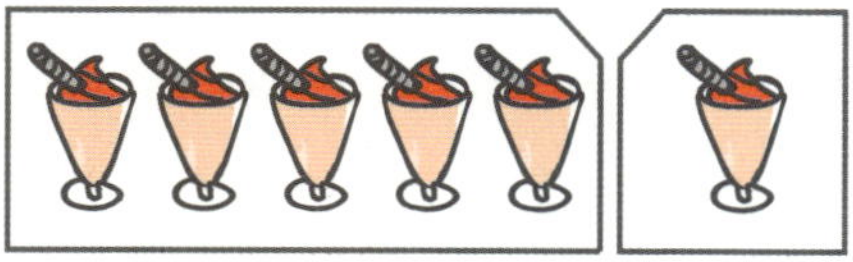

숫자와 - 로만 표현하세요

[ ] = [ ]

tip (더하기, 덧셈,합) 끼리 같은말이고, (빼기,뺄셈,차) 끼리도 같은 말입니다.

5문제 중 문제 맞았어!

확인문제

앞에서 배운대로 식으로 만들어 보세요.

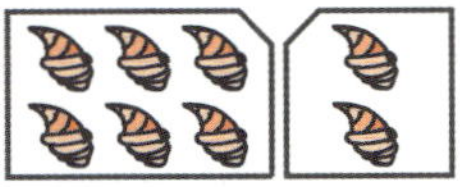

(   )

활용문제

어제 엄마와 마트가서 아이스크림 6개 샀습니다. 엄마가 2개를 먹어서 4개가 남았다고 합니다. 이 것을 식으로 만들어 보세요.

(   )

어제의 기록

어제했던 시간을 표시해봐요!

쿨쿨 잠자기	시	분
열심히 공부하기	시간	분
즐겁게 책읽기	시간	분
잼있게 놀기	시간	분

오전 오후

7 8 9 10 11 12 1 2 3 4 5 6 7 8 9 10

오늘의 준비

오늘의 할일을 적어봐요!

일어난 시간	시 분	날씨	
오늘 꼭! 할 일			

꼼꼼히 숙제하기	시간	분
열심히 공부하기	시간	분
즐겁게 책읽기	시간	분
잼있게 놀기	시간	분

오전 오후

7 8 9 10 11 12 1 2 3 4 5 6 7 8 9 10

오늘의 나와 가장 가까운 답에 O표 하세요!

- 오늘의 기분은 어때요? ☐ 좋아요. ☐ 나빠요. ☐ 그냥 그래요.
- 아침밥을 먹었나요? ☐ 네. ☐ 아니요.
- 친구하고 사이좋게 지내고 있나요? ☐ 네. ☐ 아니요.
- 오늘도 힘찬 하루를 보낼 준비 됐나요? ☐ 네. ☐ 아니요.

19 빼기(이해2)

소리내 읽기

빼기의 식 풀어보기

5 - 2를 답과 같이 말하면,
“5 빼기 2 는 3입니다”이고
“5 - 2 = 3” 이란 식이 됩니다.

5 - 2 = 3

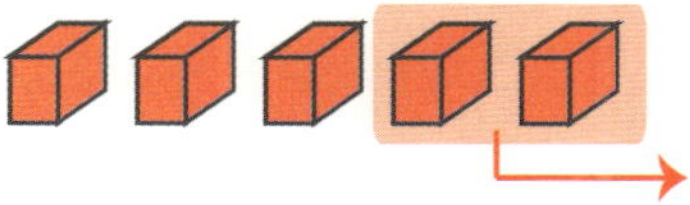

소리내 풀기

아래의 식을 풀어보세요.

1 3 - 2 =

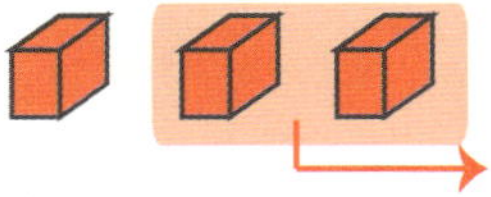

2 4 - 1 =

3 5 - 3 =

4 3 - 1 =

5 6 - 4 =

6 6 - 3 =

7 8 - 1 =

8 5 - 4 =

9 7 - 4 =

10 10 - 2 =

11 9 - 8 =

12 8 - 6 =

tip 덧셈만 있는 식을 덧셈식, 뺄셈만 있는 식을 뺄셈식이라고 합니다.

12문제 중 문제 맞았어!

확인문제

5 - 2 = ☐

활용문제

"5 빼기 2는 3입니다."를 식으로 나타내세요.

(   )

어제의 기록

어제했던 시간을 표시해봐요!

쿨쿨 잠자기	시	분
열심히 공부하기	시간	분
즐겁게 책읽기	시간	분
잼있게 놀기	시간	분

오전						오후									
7	8	9	10	11	12	1	2	3	4	5	6	7	8	9	10

오늘의 준비

오늘의 할일을 적어봐요!

일어난 시간	시 분	날씨	☼ ⛅ 🌧 ☃
오늘 꼭! 할 일			

꼼꼼히 숙제하기	시간	분
열심히 공부하기	시간	분
즐겁게 책읽기	시간	분
잼있게 놀기	시간	분

오전						오후									
7	8	9	10	11	12	1	2	3	4	5	6	7	8	9	10

오늘의 나와 가장 가까운 답에 O표 하세요!

- 오늘의 기분은 어때요? ☐ 좋아요. ☐ 나빠요. ☐ 그냥 그래요.
- 아침밥을 먹었나요? ☐ 네. ☐ 아니요.
- 친구하고 사이좋게 지내고 있나요? ☐ 네. ☐ 아니요.
- 오늘도 힘찬 하루를 보낼 준비 됐나요? ☐ 네. ☐ 아니요.

20 빼기(이해3)

소리내 읽기

답이 같은 식 찾기

5 - 1 과 6 - 2는 같습니다.

5 - 1 과 6 - 2의 답은

4 로 두 식의 값은 같습니다.

5 - 1 = 4
6 - 2 = 4
값이 같습니다.

소리내 풀기

양 옆에 있는 식의 값이 같은 것끼리 줄을 그어 연결하세요.

1	5 - 2	•	• ㉮	8 - 5
2	9 - 3	•	• ㉯	7 - 3
3	8 - 6	•	• ㉰	8 - 2
4	6 - 1	•	• ㉱	9 - 7
5	10 - 6	•	• ㉲	10 - 5

tip 5+2,2+5와 같인 더하기는 순서가 바뀌어도 값이 같지만, 뺄셈은 다릅니다.

5문제 중 문제 맞았어!

확인문제

답이 같은것끼리 줄 그으세요.

5 - 2 •	• 4 - 1
6 - 1 •	• 7 - 2

활용문제

5-2는 3입니다.
이 식과 값이 같기위해서는 4에서 무슨 수를 빼야 할까요?

(　　　　)

어제의 기록

어제했던 시간을 표시해봐요!

쿨쿨 잠자기	시	분
열심히 공부하기	시간	분
즐겁게 책읽기	시간	분
잼있게 놀기	시간	분

오전 오후

7 8 9 10 11 12 1 2 3 4 5 6 7 8 9 10

오늘의 준비

오늘의 할일을 적어봐요!

일어난 시간	시 분	날씨	☼ ⛅ 🌨 ☃
오늘 꼭! 할 일			

꼼꼼히 숙제하기	시간	분
열심히 공부하기	시간	분
즐겁게 책읽기	시간	분
잼있게 놀기	시간	분

오전 오후

7 8 9 10 11 12 1 2 3 4 5 6 7 8 9 10

오늘의 나와 가장 가까운 답에 O표 하세요!

- 오늘의 기분은 어때요? ☐ 좋아요. ☐ 나빠요. ☐ 그냥 그래요.
- 아침밥을 먹었나요? ☐ 네. ☐ 아니요.
- 친구하고 사이좋게 지내고 있나요? ☐ 네. ☐ 아니요.
- 오늘도 힘찬 하루를 보낼 준비 됐나요? ☐ 네. ☐ 아니요.

21 숫자 0 알기

월 일
분 초

소리내 읽기

숫자 "0"의 의미를 알아 보아요.

2 개의 사탕이 있습니다.
친구들과 사탕 2개를 나누어 먹으면,
0 개가 남습니다.

2 - 2 = 0

소리내 풀기

그림을 보고 옆의 식을 풀어보세요.

1

그냥 두었어요.

덧셈을 이용하세요

1 + 0 = □

2

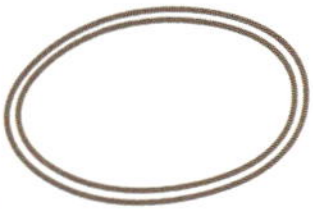

2개가 더 생겼어요.

덧셈을 이용하세요

0 + 2 = □

3

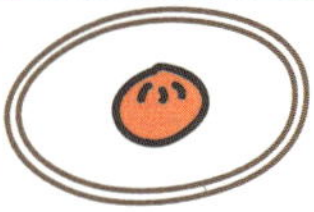

그냥 두었어요.

뺄셈을 이용하세요

1 - 0 = □

4

3개를 먹었습니다.

뺄셈을 이용하세요

3 - 3 = □

5

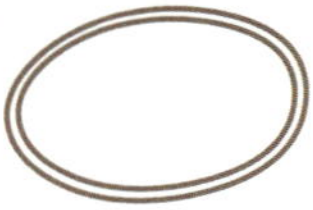

먹지 않았습니다.

뺄셈을 이용하세요

0 - 0 = □

tip 숫자 "0"은 아무것도 없다는 뜻입니다. 먹을거나 돈이 없다는 의미도 되네요.

5문제 중 문제 맞았어!

확인문제

1+0+0+0+0= [ ]

활용문제

우리집에 컴퓨터가 1대 있습니다.
우리집은 컴퓨터를 더 사지 않습니다.
10일 지나면 우리집에 컴퓨터가 몇대 있을까요?

(　　　　　　)

어제의 기록

어제했던 시간을 표시해봐요!

쿨쿨 잠자기	시	분
열심히 공부하기	시간	분
즐겁게 책읽기	시간	분
잼있게 놀기	시간	분

오전 / 오후

7 8 9 10 11 12 1 2 3 4 5 6 7 8 9 10

오늘의 준비

오늘의 할일을 적어봐요!

일어난 시간	시　　분	날씨	☀ ⛅ 🌧 ☃
오늘 꼭! 할 일			

꼼꼼히 숙제하기	시간	분
열심히 공부하기	시간	분
즐겁게 책읽기	시간	분
잼있게 놀기	시간	분

오전 / 오후

7 8 9 10 11 12 1 2 3 4 5 6 7 8 9 10

오늘의 나와 가장 가까운 답에 O표 하세요!

- 오늘의 기분은 어때요? ☐ 좋아요. ☐ 나빠요. ☐ 그냥 그래요.
- 아침밥을 먹었나요? ☐ 네. ☐ 아니요.
- 친구하고 사이좋게 지내고 있나요? ☐ 네. ☐ 아니요.
- 오늘도 힘찬 하루를 보낼 준비 됐나요? ☐ 네. ☐ 아니요.

22 빼기(연습1)

소리내 풀기

알맞은 수를 적으세요.

1 2 - 1 =

2 5 - 3 =

3 4 - 2 =

4 3 - 1 =

5 3 - 2 =

6 4 - 2 =

7 5 - 4 =

8 5 - 2 =

9 6 - 5 =

10 6 - 3 =

11 6 - 2 =

12 7 - 6 =

13 8 - 2 =

14 7 - 3 =

15 8 - 7 =

16 8 - 8 =

17 9 - 4 =

18 9 - 3 =

19 7 - 5 =

20 10 - 10 =

tip 시작하기 전에 시간을 재어 보세요. 계산은 빠르고, 정확하게...

20문제 중 문제 맞았어!

확인문제

10 - 3 = ☐

활용문제

10 보다 3 작은 수는 무엇인가요?

(　　　　　　　　)

어제의 기록

어제했던 시간을 표시해봐요!

쿨쿨 잠자기	시	분
열심히 공부하기	시간	분
즐겁게 책읽기	시간	분
잼있게 놀기	시간	분

오전 오후

7 8 9 10 11 12 1 2 3 4 5 6 7 8 9 10

오늘의 준비

오늘의 할일을 적어봐요!

일어난 시간	시 분	날씨	☀ ⛅ 🌨 ☃
오늘 꼭! 할 일			

꼼꼼히 숙제하기	시간	분
열심히 공부하기	시간	분
즐겁게 책읽기	시간	분
잼있게 놀기	시간	분

오전 오후

7 8 9 10 11 12 1 2 3 4 5 6 7 8 9 10

오늘의 나와 가장 가까운 답에 O표 하세요!

- 오늘의 기분은 어때요? ☐ 좋아요. ☐ 나빠요. ☐ 그냥 그래요.
- 아침밥을 먹었나요? ☐ 네. ☐ 아니요.
- 친구하고 사이좋게 지내고 있나요? ☐ 네. ☐ 아니요.
- 오늘도 힘찬 하루를 보낼 준비 됐나요? ☐ 네. ☐ 아니요.

23 빼기(연습2)

월 일
분 초

소리내 풀기

중앙의 수와 중간의 수를 빼서 가장자리에 적으세요.

8 - 3 의
값을 적으세요.

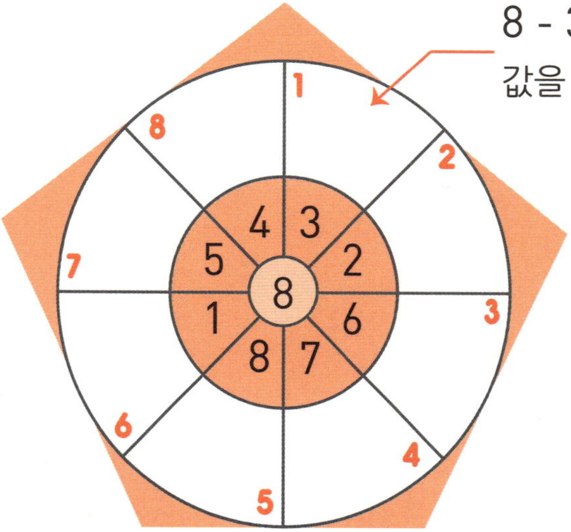

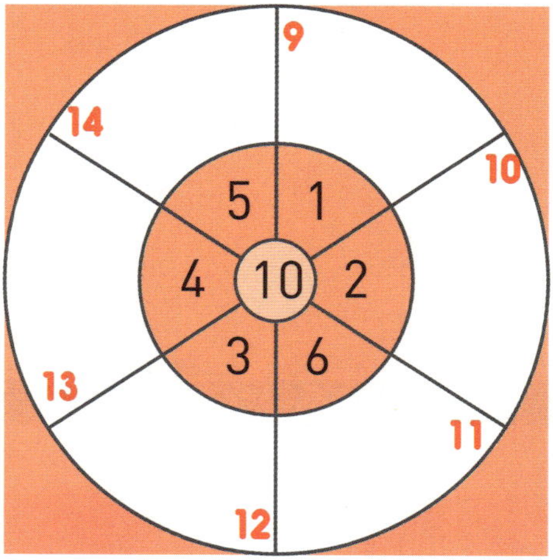

tip 더하기 할때 해보았지요. 차분히 풀어보세요.

14문제 중 문제 맞았어!

확인문제

8 - 3 = ☐

활용문제

8을 두 수로 가르면 3과 무엇으로 가를 수 있을까요?

(　　　　　　　)

어제의 기록

어제했던 시간을 표시해봐요!

쿨쿨 잠자기	시	분
열심히 공부하기	시간	분
즐겁게 책읽기	시간	분
잼있게 놀기	시간	분

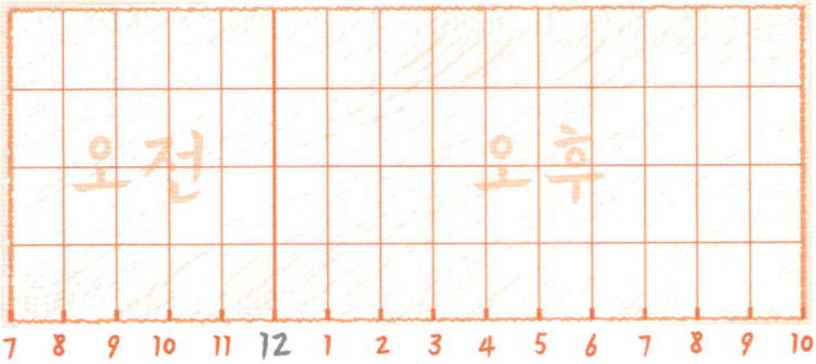

오늘의 준비

오늘의 할일을 적어봐요!

일어난 시간	시 분	날씨	☀ ⛅ 🌧 ☃
오늘 꼭! 할 일			

꼼꼼히 숙제하기	시간	분
열심히 공부하기	시간	분
즐겁게 책읽기	시간	분
잼있게 놀기	시간	분

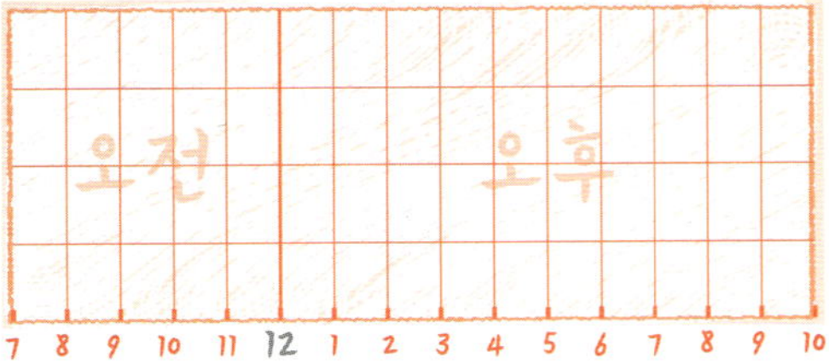

오늘의 나와 가장 가까운 답에 ㅇ표 하세요!

- 오늘의 기분은 어때요? ☐ 좋아요. ☐ 나빠요. ☐ 그냥 그래요.
- 아침밥을 먹었나요? ☐ 네. ☐ 아니요.
- 친구하고 사이좋게 지내고 있나요? ☐ 네. ☐ 아니요.
- 오늘도 힘찬 하루를 보낼 준비 됐나요? ☐ 네. ☐ 아니요.

24 낱개와 묶음

소리내 읽기

낱개와 묶음

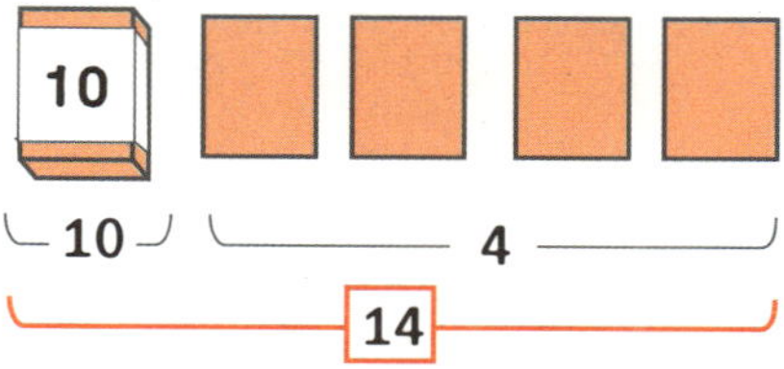

옆의 그림은 색종이가
10개 묶음 1개와 낱개 4개입니다.
합은 14개 입니다.

소리내 풀기

아래의 종이가 몇장인지를 네모안에 적어보세요.

1 

☐ 개

2 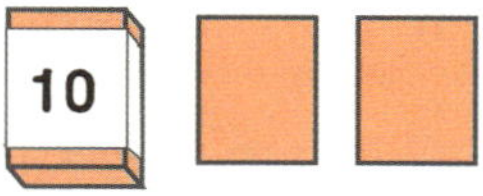

☐ 개

3 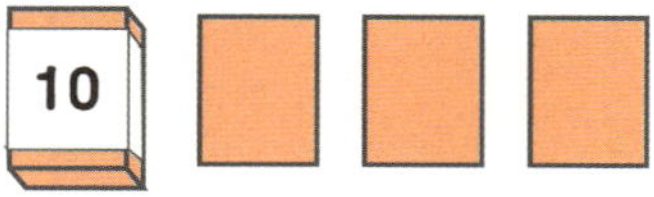

☐ 개

4 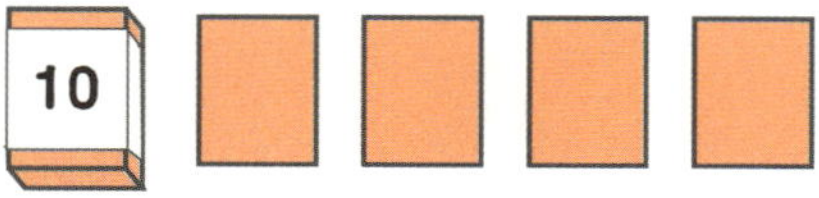

☐ 개

5 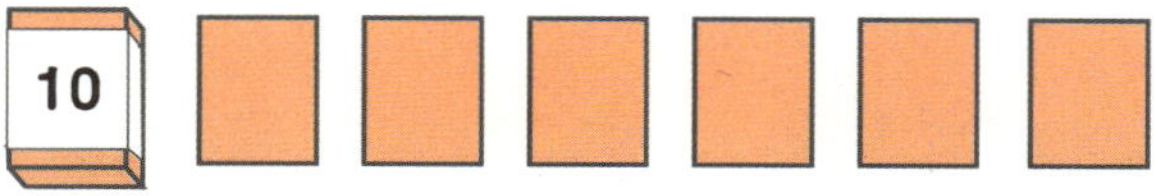

☐ 개

6 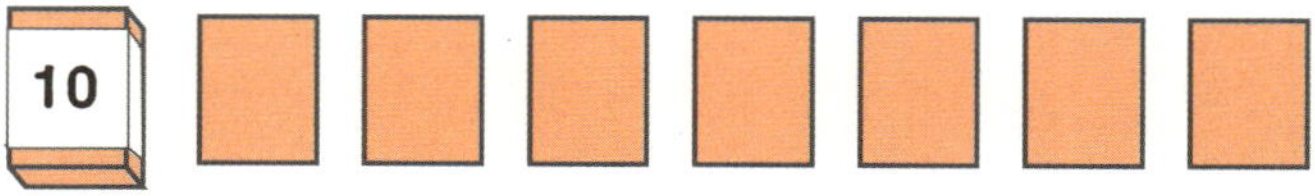

☐ 개

tip 묶음이란 묶어 놓은 덩이를 세는 단위를 말합니다.

6문제 중 문제 맞았어!

확인문제 활용문제

묶음과 낱개를 합하면 몇개인가요?

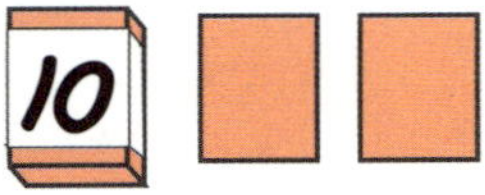

10개 묶음은 낱개 몇개가 있어야 하나요?

(　　　　　　　　)

어제의 기록

어제했던 시간을 표시해봐요!

쿨쿨 잠자기	시	분
열심히 공부하기	시간	분
즐겁게 책읽기	시간	분
잼있게 놀기	시간	분

오전 오후

7 8 9 10 11 12 1 2 3 4 5 6 7 8 9 10

오늘의 준비

오늘의 할일을 적어봐요!

일어난 시간	시 분	날씨
오늘 꼭! 할 일		

꼼꼼히 숙제하기	시간	분
열심히 공부하기	시간	분
즐겁게 책읽기	시간	분
잼있게 놀기	시간	분

오전 오후

7 8 9 10 11 12 1 2 3 4 5 6 7 8 9 10

오늘의 나와 가장 가까운 답에 O표 하세요!

- 오늘의 기분은 어때요? □ 좋아요. □ 나빠요. □ 그냥 그래요.
- 아침밥을 먹었나요? □ 네. □ 아니요.
- 친구하고 사이좋게 지내고 있나요? □ 네. □ 아니요.
- 오늘도 힘찬 하루를 보낼 준비 됐나요? □ 네. □ 아니요.

25 묶어서 세기

월 일
분 초

소리내 읽기

그림을 10개씩 묶어서 세어보세요.

옆의 그림은
10개씩 묶음 2개입니다.
그래서 20 개 입니다.

소리내 풀기

그림안에 몇개가 있는지 세어 □ 안에 수를 적으세요.

1

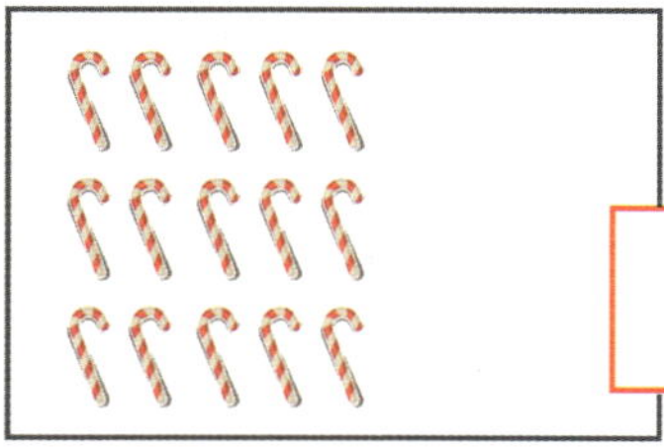

□

2

□

3

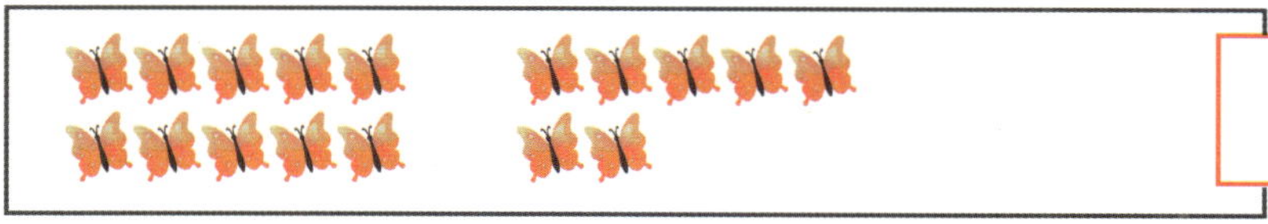

□

4

□

5

□

tip 5개 묶음이 2개 있으면 10개 입니다. 5개나 10개 단위로 묶어서 세어보세요.

5문제 중 문제 맞았어!

확인문제

빵이 몇개일까요?

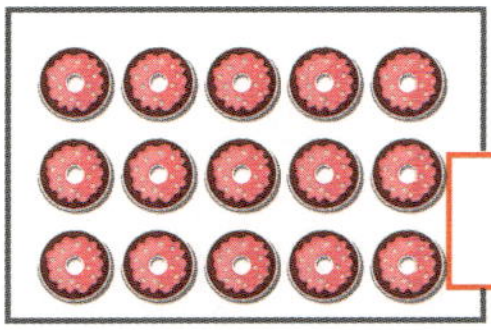

□

활용문제

5개 묶음이 2개 있으면 낱개로 10개 입니다.
5개 묶음이 3개 있으면 몇개 일까요?

(   )

어제의 기록

어제했던 시간을 표시해봐요!

쿨쿨 잠자기	시	분
열심히 공부하기	시간	분
즐겁게 책읽기	시간	분
잼있게 놀기	시간	분

오전						오후									
7	8	9	10	11	12	1	2	3	4	5	6	7	8	9	10

오늘의 준비

오늘의 할일을 적어봐요!

일어난 시간	시 분	날씨	☀ ⛅ 🌧 ☃
오늘 꼭! 할 일			

꼼꼼히 숙제하기	시간	분
열심히 공부하기	시간	분
즐겁게 책읽기	시간	분
잼있게 놀기	시간	분

오전						오후									
7	8	9	10	11	12	1	2	3	4	5	6	7	8	9	10

오늘의 나와 가장 가까운 답에 O표 하세요!

- 오늘의 기분은 어때요? □ 좋아요. □ 나빠요. □ 그냥 그래요.
- 아침밥을 먹었나요? □ 네. □ 아니요.
- 친구하고 사이좋게 지내고 있나요? □ 네. □ 아니요.
- 오늘도 힘찬 하루를 보낼 준비 됐나요? □ 네. □ 아니요.

26 가르기와 모으기

월 일
분 초

소리내 읽기

한개의 수를 두개의 수로 가르기

10에 2를 모으면 12이고,
12는 10과 2로 가를 수 있습니다.
15는 10과 5를 모으면 되고,
10과 5로 가를 수 있습니다.

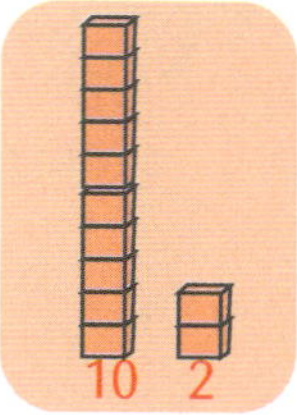

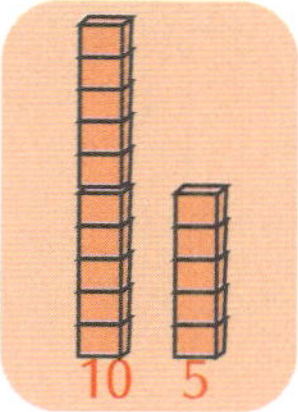

소리내 풀기

각 수는 무엇과 무엇의 합일지 □에 알맞은 수를 적으세요.

1 8은 3과 □이고,

2 6은 5와 □입니다.

3 10은 7과 □이고,

4 10은 8과 □입니다.

5 10은 3과 □이고,

6 17은 10과 □입니다.

7 16은 10과 □이고,

8 18은 10과 □입니다.

9 19는 9와 □이고,

10 20은 10과 □입니다.

tip 모으기는 더한다는 뜻이고, 가르기는 두개의수로 쪼갠다는 뜻입니다.

10문제 중 문제 맞았어!

확인문제

12는 10과 ☐ 으로 가를 수 있습니다.

활용문제

12는 10에 무슨 수를 더해야 할까요?

(　　　　　　　　)

어제의 기록

어제했던 시간을 표시해봐요!

쿨쿨 잠자기	시	분
열심히 공부하기	시간	분
즐겁게 책읽기	시간	분
잼있게 놀기	시간	분

오전 / 오후

7 8 9 10 11 12 1 2 3 4 5 6 7 8 9 10

오늘의 준비

오늘의 할일을 적어봐요!

일어난 시간	시 분	날씨	☼ ⛅ ☂ ☃
오늘 꼭! 할 일			

꼼꼼히 숙제하기	시간	분
열심히 공부하기	시간	분
즐겁게 책읽기	시간	분
잼있게 놀기	시간	분

오전 / 오후

7 8 9 10 11 12 1 2 3 4 5 6 7 8 9 10

오늘의 나와 가장 가까운 답에 O표 하세요!

- ✦ 오늘의 기분은 어때요? ☐ 좋아요. ☐ 나빠요. ☐ 그냥 그래요.
- ✦ 아침밥을 먹었나요? ☐ 네. ☐ 아니요.
- ✦ 친구하고 사이좋게 지내고 있나요? ☐ 네. ☐ 아니요.
- ✦ 오늘도 힘찬 하루를 보낼 준비 됐나요? ☐ 네. ☐ 아니요.

27 20까지의 수

월 일

분 초

소리내 읽기

두자리와 한자리수의 더하기와 빼기

10과 3를 더하면 10+3=13입니다.

13에서 3을 빼면 13-3=10입니다.

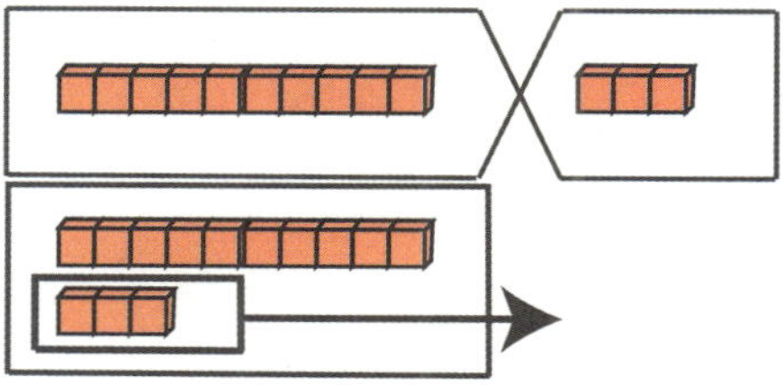

소리내 풀기

아래를 계산하세요.

1 10 + 4 =

2 10 + 2 =

3 10 + 5 =

4 10 + 8 =

5 10 + 9 =

6 15 - 5 =

7 12 - 2 =

8 17 - 7 =

9 18 - 8 =

10 19 - 9 =

tip 식을 보고 문제를 만들 줄도 알아야 합니다. 한번 해보세요.

10문제 중 문제 맞았어!

확인문제

14에서 4를 빼면 몇 일까요?

□

활용문제

14에서 4를 빼는 것을 답과 함께 식으로 나타내 보세요.

(　　　　　　　　)

어제의 기록

어제했던 시간을 표시해봐요!

쿨쿨 잠자기	시	분
열심히 공부하기	시간	분
즐겁게 책읽기	시간	분
재있게 놀기	시간	분

오전 오후

7 8 9 10 11 12 1 2 3 4 5 6 7 8 9 10

오늘의 준비

오늘의 할일을 적어봐요!

일어난 시간	시 분	날씨	
오늘 꼭! 할 일			

꼼꼼히 숙제하기	시간	분
열심히 공부하기	시간	분
즐겁게 책읽기	시간	분
재있게 놀기	시간	분

오전 오후

7 8 9 10 11 12 1 2 3 4 5 6 7 8 9 10

오늘의 나와 가장 가까운 답에 O표 하세요!

- 오늘의 기분은 어때요? □ 좋아요. □ 나빠요. □ 그냥 그래요.
- 아침밥을 먹었나요? □ 네. □ 아니요.
- 친구하고 사이좋게 지내고 있나요? □ 네. □ 아니요.
- 오늘도 힘찬 하루를 보낼 준비 됐나요? □ 네. □ 아니요.

28 더 큰수와 더 작은수(1)

월 일
분 초

소리내 읽기

3이 더 큰 수는 무엇일까요?

11 에서 3 이 더 큰 수는 14 입니다.

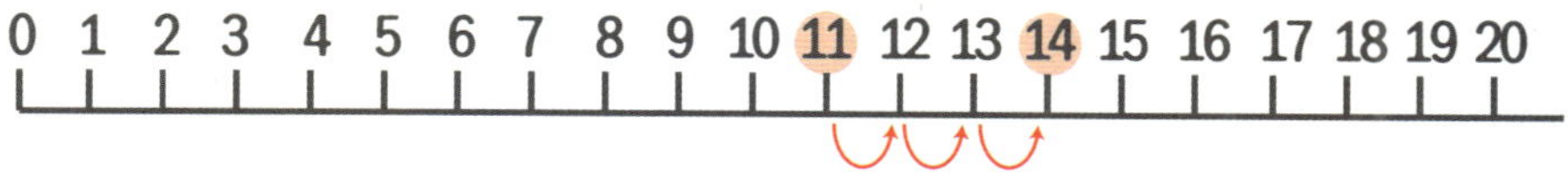

소리내 풀기

위의 자를 보고 ☐ 안에 알맞은 수를 넣으세요.

1 13에서 1이 더 큰 수는 ☐ 입니다.

2 15에서 2가 더 작은 수는 ☐ 입니다.

3 16에서 3이 더 큰 수는 ☐ 입니다.

4 18에서 6이 더 작은 수는 ☐ 입니다.

5 12에서 7이 더 큰 수는 ☐ 입니다.

6 20에서 10이 더 작은 수는 ☐ 입니다.

tip 하나, 둘, 셋이나 일, 이, 삼으로 세고 마지막으로 센수가 개수가 됩니다.

6문제 중 문제 맞았어!

확인문제

14에서 2가 큰 수는 무엇인가요?

활용문제

14 + 2 =

( )

어제의 기록

어제했던 시간을 표시해봐요!

쿨쿨 잠자기	시	분
열심히 공부하기	시간	분
즐겁게 책읽기	시간	분
잼있게 놀기	시간	분

오전 오후

7 8 9 10 11 12 1 2 3 4 5 6 7 8 9 10

오늘의 준비

오늘의 할일을 적어봐요!

일어난 시간	시	분	날씨	
오늘 꼭! 할 일				

꼼꼼히 숙제하기	시간	분
열심히 공부하기	시간	분
즐겁게 책읽기	시간	분
잼있게 놀기	시간	분

오전 오후

7 8 9 10 11 12 1 2 3 4 5 6 7 8 9 10

오늘의 나와 가장 가까운 답에 O표 하세요!

- 오늘의 기분은 어때요? ☐ 좋아요. ☐ 나빠요. ☐ 그냥 그래요.
- 아침밥을 먹었나요? ☐ 네. ☐ 아니요.
- 친구하고 사이좋게 지내고 있나요? ☐ 네. ☐ 아니요.
- 오늘도 힘찬 하루를 보낼 준비 됐나요? ☐ 네. ☐ 아니요.

29 더 큰수와 더 작은수(2)

월 일
분 초

소리내 읽기

똑같은 크기로 크거나 작은수

옆의 수 중에서 12,14,16은
2 씩 더 큰 수 입니다.
16보다 2 더 큰 수는 18입니다.

	11		13		15		17	
10		12		14		16		18
	+2		+2		+2		+2	

소리내 풀기

□ 안에 알맞은 수를 적어 보세요.

1	2	4	□	8	□
2	0	5	□	15	□
3	11	13	□	17	□
4	10	9	8	□	□
5	18	16	□	12	□

tip 제일 위의 그림같이 빠진 수를 위에 적어보면 쉽게 풀 수 있습니다.

5문제 중 문제 맞았어!

확인문제

비어 있는 네모에 들어갈 수를 적으세요.

10 - 12 - 14 - 16 - □

활용문제

10,12,14,16은 몇 씩 커지고 있고,
16 다음에는 어떤 수가 올까요?

(,   )

어제의 기록

어제했던 시간을 표시해봐요!

쿨쿨 잠자기	시간	분
열심히 공부하기	시간	분
즐겁게 책읽기	시간	분
재있게 놀기	시간	분

오전 오후

7 8 9 10 11 12 1 2 3 4 5 6 7 8 9 10

오늘의 준비

오늘의 할일을 적어봐요!

일어난 시간	시 분	날씨
오늘 꼭! 할 일		

꼼꼼히 숙제하기	시간	분
열심히 공부하기	시간	분
즐겁게 책읽기	시간	분
재있게 놀기	시간	분

오전 오후

7 8 9 10 11 12 1 2 3 4 5 6 7 8 9 10

오늘의 나와 가장 가까운 답에 O표 하세요!

- 오늘의 기분은 어때요? □ 좋아요. □ 나빠요. □ 그냥 그래요.
- 아침밥을 먹었나요? □ 네. □ 아니요.
- 친구하고 사이좋게 지내고 있나요? □ 네. □ 아니요.
- 오늘도 힘찬 하루를 보낼 준비 됐나요? □ 네. □ 아니요.

30 더 큰수 알기(1)

월 일
분 초

소리내 읽기 **더 큰 수를 알아보아요.**

옆에는

12 와 16 이 있습니다.

16 이 더 큰 수 입니다.

12	16

소리내 풀기 **두 개의 수를 읽고 더 큰 수를 □에 적으세요.**

1. 11 14 □
2. 13 12 □
3. 15 16 □
4. 12 13 □
5. 17 15 □
6. 18 16 □
7. 18 17 □
8. 19 15 □
9. 17 19 □
10. 19 20 □

tip 하나,둘,셋이나 일,이,삼으로 세면 뒤에 세는 수가 더 큰 수 입니다.

10 문제 중 문제 맞았어!

확인문제

두 수 중 더 큰 수를 옆에 적으세요.

11	14	

활용문제

11에서 3을 더하면 14가 됩니다.
그래서 11과 14중 더 큰 수는 무엇일까요?

( )

어제의 기록

어제했던 시간을 표시해봐요!

쿨쿨 잠자기	시	분
열심히 공부하기	시간	분
즐겁게 책읽기	시간	분
잼있게 놀기	시간	분

오전 오후

7 8 9 10 11 12 1 2 3 4 5 6 7 8 9 10

오늘의 준비

오늘의 할일을 적어봐요!

일어난 시간	시 분	날씨	
오늘 꼭! 할 일			

꼼꼼히 숙제하기	시간	분
열심히 공부하기	시간	분
즐겁게 책읽기	시간	분
잼있게 놀기	시간	분

오전 오후

7 8 9 10 11 12 1 2 3 4 5 6 7 8 9 10

오늘의 나와 가장 가까운 답에 O표 하세요!

- 오늘의 기분은 어때요? ☐ 좋아요. ☐ 나빠요. ☐ 그냥 그래요.
- 아침밥을 먹었나요? ☐ 네. ☐ 아니요.
- 친구하고 사이좋게 지내고 있나요? ☐ 네. ☐ 아니요.
- 오늘도 힘찬 하루를 보낼 준비 됐나요? ☐ 네. ☐ 아니요.

31 더 큰 수와 더 작은 수(연습1)

월 일
분 초

소리내 풀기

알맞은 수를 적으세요.

1 14에서 3이 더 큰 수는 ☐입니다.

2 17에서 2가 더 작은 수는 ☐입니다.

3 15에서 3이 더 큰 수는 ☐입니다.

4 20에서 4가 더 작은 수는 ☐입니다.

5 13 — 14 — ☐ — 16 — ☐

6 11 — 13 — ☐ — 17 — ☐

7 20 — 18 — ☐ — 14 — ☐

8 19 — 17 — ☐ — 13 — ☐

tip 시작하기 전에 시간을 재어 보세요. 계산은 빠르고, 정확하게...

8 문제 중 문제 맞았어!

확인문제

비어있는 네모에 들어갈 수를 적으세요.

19 – 18 – □ – 16 – □

활용문제

19,18,17,16,15는 몇 씩 더 작아지고 있을까요?

(   )

어제의 기록

어제했던 시간을 표시해봐요!

쿨쿨 잠자기	시간	분
열심히 공부하기	시간	분
즐겁게 책읽기	시간	분
재있게 놀기	시간	분

오늘의 준비

오늘의 할일을 적어봐요!

일어난 시간	시 분	날씨	
오늘 꼭! 할 일			

꼼꼼히 숙제하기	시간	분
열심히 공부하기	시간	분
즐겁게 책읽기	시간	분
재있게 놀기	시간	분

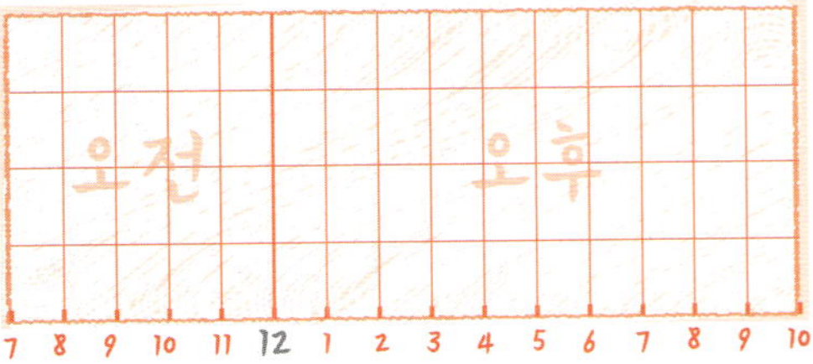

오늘의 나와 가장 가까운 답에 O표 하세요!

- 오늘의 기분은 어때요? □ 좋아요. □ 나빠요. □ 그냥 그래요.
- 아침밥을 먹었나요? □ 네. □ 아니요.
- 친구하고 사이좋게 지내고 있나요? □ 네. □ 아니요.
- 오늘도 힘찬 하루를 보낼 준비 됐나요? □ 네. □ 아니요.

32 수3개 더하기

월 일

분 초

소리내 읽기

3개의 수를 더해 보아요.

사과 2개에서 2개를 더하면, 4개가 됩니다.
그리고 1개를 더 더하면, 5개가 됩니다.
이를 식으로, 2 + 2 + 1 = 5 라고 씁니다.

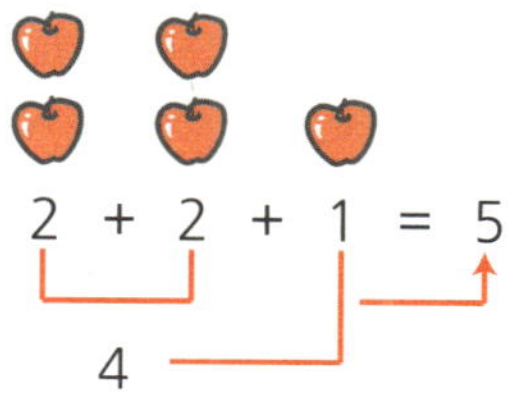

소리내 풀기

아래를 계산하세요.

1 2 + 3 + 1 =

2 4 + 3 + 1 =

3 3 + 3 + 1 =

4 3 + 4 + 3 =

5 1 + 3 + 5 =

6 2 + 5 + 3 =

7 6 + 2 + 1 =

8 6 + 4 + 2 =

9 3 + 7 + 4 =

10 8 + 2 + 3 =

tip 앞에서 부터 하나씩 계산해 보세요. 10에서 2를 더하면 12죠.

10문제 중 문제 맞았어!

확인문제

$1 + 2 + 3 =$ ☐

활용문제

엄마는 사과를 1개 가지고 있고,
오빠는 사과를 2개 가지고 있고,
나는 사과를 3개 가지고 있습니다.
사과는 모두 몇개 일까요?

(　　　　　　　)

어제의 기록

어제했던 시간을 표시해봐요!

쿨쿨 잠자기	시간	분
열심히 공부하기	시간	분
즐겁게 책읽기	시간	분
잼있게 놀기	시간	분

오전 / 오후

7 8 9 10 11 12 1 2 3 4 5 6 7 8 9 10

오늘의 준비

오늘의 할일을 적어봐요!

일어난 시간	시　분	날씨 ☼ ⛅ ☂ ☃
오늘 꼭! 할 일		

꼼꼼히 숙제하기	시간	분
열심히 공부하기	시간	분
즐겁게 책읽기	시간	분
잼있게 놀기	시간	분

오전 / 오후

7 8 9 10 11 12 1 2 3 4 5 6 7 8 9 10

오늘의 나와 가장 가까운 답에 O표 하세요!

- 오늘의 기분은 어때요? ☐ 좋아요. ☐ 나빠요. ☐ 그냥 그래요.
- 아침밥을 먹었나요? ☐ 네. ☐ 아니요.
- 친구하고 사이좋게 지내고 있나요? ☐ 네. ☐ 아니요.
- 오늘도 힘찬 하루를 보낼 준비 됐나요? ☐ 네. ☐ 아니요.

33 수3개의 빼기

월 일
분 초

3개의 수를 빼 보아요.

자두 6개에서 내가 1개를 먹으면 5개가 되고,
동생이 2개를 더 먹으면 3개가 됩니다.
이를 식으로, 6 - 1 - 2 = 3 라고 씁니다.

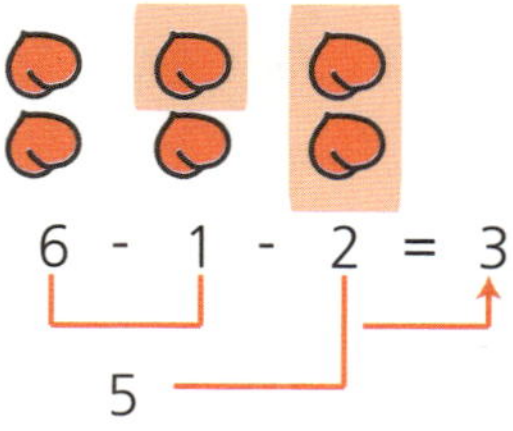

아래를 계산하세요.

1 3 - 1 - 1 =

2 6 - 3 - 1 =

3 8 - 1 - 2 =

4 9 - 2 - 4 =

5 8 - 3 - 2 =

6 8 - 3 - 4 =

7 7 - 2 - 3 =

8 10 - 2 - 3 =

9 9 - 7 - 0 =

10 8 - 6 - 2 =

tip 앞에서부터 하나씩 계산해 보세요. 10-2=8입니다.

10문제 중 문제 맞았어!

확인문제

9 - 5 - 1 = ☐

활용문제

어머니께서 사탕 9개를 윤희 5개, 한솔에게 2개 주었습니다. 남은 사탕은 모두 몇개 일까요?

(　　　　　　　)

어제의 기록

어제했던 시간을 표시해봐요!

쿨쿨 잠자기	시	분
열심히 공부하기	시간	분
즐겁게 책읽기	시간	분
잼있게 놀기	시간	분

오전 오후

7 8 9 10 11 12 1 2 3 4 5 6 7 8 9 10

오늘의 준비

오늘의 할일을 적어봐요!

일어난 시간	시 분	날씨	
오늘 꼭! 할 일			

꼼꼼히 숙제하기	시간	분
열심히 공부하기	시간	분
즐겁게 책읽기	시간	분
잼있게 놀기	시간	분

오전 오후

7 8 9 10 11 12 1 2 3 4 5 6 7 8 9 10

오늘의 나와 가장 가까운 답에 O표 하세요!

- 오늘의 기분은 어때요? ☐ 좋아요. ☐ 나빠요. ☐ 그냥 그래요.
- 아침밥을 먹었나요? ☐ 네. ☐ 아니요.
- 친구하고 사이좋게 지내고 있나요? ☐ 네. ☐ 아니요.
- 오늘도 힘찬 하루를 보낼 준비 됐나요? ☐ 네. ☐ 아니요.

34 수3개의 계산

월 일
분 초

소리내 읽기

3개의 수를 계산해 보아요.

나비 4마리에서 2마리가 날아가면 2마리가 되고,
한마리가 날아와서 앉으면 3개마리가 됩니다.
이를 식으로, 4 - 2 + 1 = 3 라고 씁니다.

4 - 2 + 1 = 3

2

소리내 풀기

아래를 계산하세요.

1 3 - 1 + 1 =

2 6 - 3 + 1 =

3 8 - 1 + 2 =

4 9 - 2 + 4 =

5 8 + 3 - 2 =

6 8 + 3 - 4 =

7 7 + 2 - 3 =

8 10 + 2 - 3 =

9 9 + 7 + 0 =

10 8 + 8 - 9 =

tip 더하기 인지, 빼기 인지를 정확히 보고 계산해 보세요.

10문제 중 문제 맞았어!

확인문제

4 - 2 + 1 = ☐

활용문제

집에 요구르트가 4개 있었습니다.
내가 2개 먹었는데 엄마가 1개를 더 사왔습니다.
지금은 집에 요구르트가 몇개 있을까요?

(   )

어제의 기록

어제했던 시간을 표시해봐요!

쿨쿨 잠자기	시	분
열심히 공부하기	시간	분
즐겁게 책읽기	시간	분
잼있게 놀기	시간	분

오전 오후

7 8 9 10 11 12 1 2 3 4 5 6 7 8 9 10

오늘의 준비

오늘의 할일을 적어봐요!

일어난 시간	시 분	날씨	☼ ⛅ ☂ ☃
오늘 꼭! 할 일			

꼼꼼히 숙제하기	시간	분
열심히 공부하기	시간	분
즐겁게 책읽기	시간	분
잼있게 놀기	시간	분

오전 오후

7 8 9 10 11 12 1 2 3 4 5 6 7 8 9 10

오늘의 나와 가장 가까운 답에 O표 하세요!

- 오늘의 기분은 어때요? ☐ 좋아요. ☐ 나빠요. ☐ 그냥 그래요.
- 아침밥을 먹었나요? ☐ 네. ☐ 아니요.
- 친구하고 사이좋게 지내고 있나요? ☐ 네. ☐ 아니요.
- 오늘도 힘찬 하루를 보낼 준비 됐나요? ☐ 네. ☐ 아니요.

35 수3개의 계산(연습1)

소리내 풀기

식을 풀어 보세요.

1 4 + 3 + 1 =

2 5 + 2 + 1 =

3 6 + 4 + 3 =

4 2 + 8 + 4 =

5 8- 3 - 4 =

6 7 - 2 - 1 =

7 10- 2 - 3 =

8 10 - 4 - 3 =

9 9 + 2 - 3 =

10 7 + 5 - 3 =

11 10 - 10 + 1 =

12 9 - 4 + 5 =

13 10 - 5 + 3 =

14 10 + 5 - 4 =

tip 이번 문제는 시간이 조금 더 걸렸을것 같아요. 조금 많이 풀때도 차분히 푸세요.

14문제 중 문제 맞았어!

확인문제

9 - 5 + 1 = ☐

활용문제

버스를 탔더니 사람이 4명 타고 있었습니다. 정류장에서 2명이 타고, 3명 내렸으면 지금은 버스에 몇 명이 타고 있을까요?

(　　　　　　　　)

어제의 기록

어제했던 시간을 표시해봐요!

쿨쿨 잠자기	시	분
열심히 공부하기	시간	분
즐겁게 책읽기	시간	분
잼있게 놀기	시간	분

오전 오후

7 8 9 10 11 12 1 2 3 4 5 6 7 8 9 10

오늘의 준비

오늘의 할일을 적어봐요!

일어난 시간	시　분	날씨	☀ ⛅ 🌧 ⛄
오늘 꼭! 할 일			

꼼꼼히 숙제하기	시간	분
열심히 공부하기	시간	분
즐겁게 책읽기	시간	분
잼있게 놀기	시간	분

오전 오후

7 8 9 10 11 12 1 2 3 4 5 6 7 8 9 10

오늘의 나와 가장 가까운 답에 O표 하세요!

- 오늘의 기분은 어때요? ☐ 좋아요. ☐ 나빠요. ☐ 그냥 그래요.
- 아침밥을 먹었나요? ☐ 네. ☐ 아니요.
- 친구하고 사이좋게 지내고 있나요? ☐ 네. ☐ 아니요.
- 오늘도 힘찬 하루를 보낼 준비 됐나요? ☐ 네. ☐ 아니요.

월 일

분 초

소리내 풀기

네모안에 알맞은 수를 넣으세요.

3 + 4 = [7] + 3 = [10]

3+4의 값을 적으세요

3+4의 값에 3을 더한 값을 적으세요

4 + 3 = 1 [ ] + 3 = 2 [ ]

2 + 4 = 3 [ ] + 2 = 4 [ ]

5 + 2 = 5 [ ] + 3 = 6 [ ]

7 + 3 = 7 [ ] + 8 = 8 [ ]

6 + 4 = 9 [ ] + 9 = 10 [ ]

8 + 2 = 11 [ ] + 4 = 12 [ ]

9 + 1 = 13 [ ] + 6 = 14 [ ]

4 + 6 = 15 [ ] + 7 = 16 [ ]

tip 문제를 내는 방법은 다양합니다. 못 푸는 문제를 내지는 않습니다.

16 문제 중 문제 맞았어!

확인문제

옆의 네모에 알맞은 수를 적으세요.

$3 + 4 = \square + 3 = \square$

활용문제

우리 집에 장미꽃이 3송이 피었습니다.
오늘 아침에 4송이가 더 피고,
지금보니 3송이가 더 피었습니다.
모두 몇송이 일까요?

(　　　　　　　　)

어제의 기록

어제했던 시간을 표시해봐요!

쿨쿨 잠자기	시	분
열심히 공부하기	시간	분
즐겁게 책읽기	시간	분
잼있게 놀기	시간	분

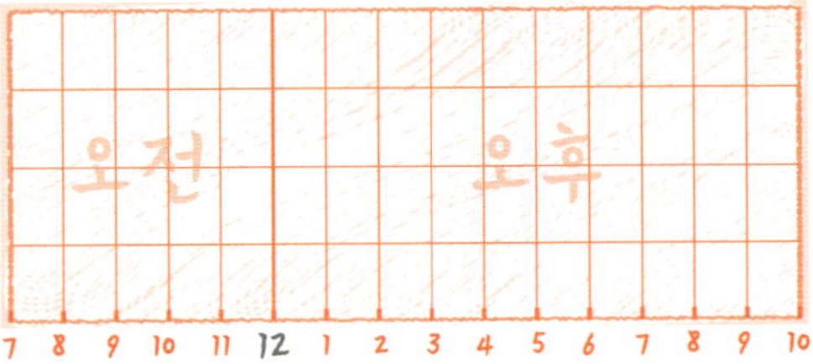

오늘의 준비

오늘의 할일을 적어봐요!

일어난 시간	시　분	날씨	☀ ⛅ 🌧 ⛄
오늘 꼭! 할 일			

꼼꼼히 숙제하기	시간	분
열심히 공부하기	시간	분
즐겁게 책읽기	시간	분
잼있게 놀기	시간	분

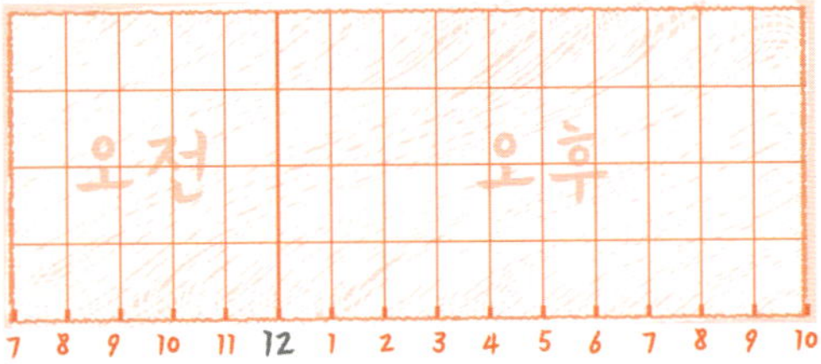

오늘의 나와 가장 가까운 답에 O표 하세요!

- 오늘의 기분은 어때요? ☐ 좋아요. ☐ 나빠요. ☐ 그냥 그래요.
- 아침밥을 먹었나요? ☐ 네. ☐ 아니요.
- 친구하고 사이좋게 지내고 있나요? ☐ 네. ☐ 아니요.
- 오늘도 힘찬 하루를 보낼 준비 됐나요? ☐ 네. ☐ 아니요.

37 수3개의 계산(연습3)

소리내 풀기

네모안에 알맞은 수를 넣으세요.

3 + 4 = [7] - 5 = [2]

4 + 3 = **1** [ ] - 3 = **2** [ ]

2 + 4 = **3** [ ] - 2 = **4** [ ]

5 + 2 = **5** [ ] - 7 = **6** [ ]

7 + 3 = **7** [ ] - 8 = **8** [ ]

6 + 4 = **9** [ ] - 9 = **10** [ ]

8 - 2 = **11** [ ] + 4 = **12** [ ]

9 - 1 = **13** [ ] + 6 = **14** [ ]

6 - 4 = **15** [ ] + 7 = **16** [ ]

tip 앞에서 한 방법대로 정확히 풀어봅니다.

16문제 중 문제 맞았어!

확인문제

옆의 네모에 알맞은 수를 적으세요.

3 + 4 = □ - 5 = □

활용문제

우리 집에 장미꽃이 3송이 피었습니다.
오늘 아침에 4송이가 더 피었는데,
지금보니 5송이가 죽었습니다.
이제 장미꽃은 몇 송이 일까요?

(　　　　　　　　)

어제의 기록

어제했던 시간을 표시해봐요!

쿨쿨 잠자기	시	분
열심히 공부하기	시간	분
즐겁게 책읽기	시간	분
재있게 놀기	시간	분

오전 오후

7 8 9 10 11 12 1 2 3 4 5 6 7 8 9 10

오늘의 준비

오늘의 할일을 적어봐요!

일어난 시간	시 분	날씨	☼ ⛅ 🌧 ⛄
오늘 꼭! 할 일			

꼼꼼히 숙제하기	시간	분
열심히 공부하기	시간	분
즐겁게 책읽기	시간	분
재있게 놀기	시간	분

오전 오후

7 8 9 10 11 12 1 2 3 4 5 6 7 8 9 10

오늘의 나와 가장 가까운 답에 O표 하세요!

- 오늘의 기분은 어때요? □ 좋아요. □ 나빠요. □ 그냥 그래요.
- 아침밥을 먹었나요? □ 네. □ 아니요.
- 친구하고 사이좋게 지내고 있나요? □ 네. □ 아니요.
- 오늘도 힘찬 하루를 보낼 준비 됐나요? □ 네. □ 아니요.

38 더해서 10넘는 수(1)

월 일
분 초

소리내 읽기

더해서 10이 넘는 수의 계산방법

9+3계산은 3을
9에 10이 되기 위해 필요한 수 1로 갈라주어 10을 만들고
남은 2를 일의 자리에 적으면 12가 됩니다.

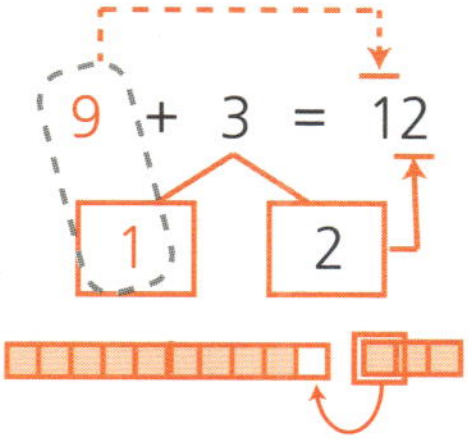

소리내 풀기

위의 방법을 이해하고 같은 방식으로 풀어보세요.

1 9 + 3 =

2 8 + 5 =

3 9 + 5 =

4 9 + 4 =

5 7 + 6 =

6 8 + 7 =

7 9 + 9 =

8 7 + 3 =

tip 앞의 수가 10이 되기위한 수를 먼저 적고, 다른 수로 가르면 됩니다.

8문제 중 문제 맞았어!

확인문제

앞에서 배운 방법대로 계산해 보세요.

9 + 3 =

□ □

활용문제

9 + 3 을 계산하기 위해서
3을 무엇과 무엇으로 갈라서 계산해야 하나요?

(　　　　,　　　　)

어제의 기록

어제했던 시간을 표시해봐요!

쿨쿨 잠자기	시	분
열심히 공부하기	시간	분
즐겁게 책읽기	시간	분
잼있게 놀기	시간	분

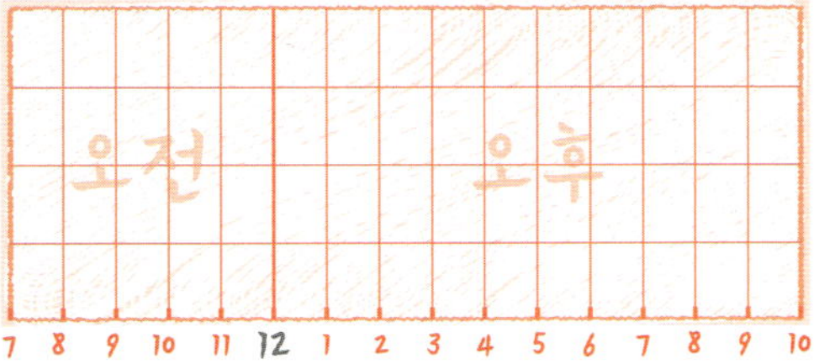

오늘의 준비

오늘의 할일을 적어봐요!

일어난 시간	시 분	날씨	☼ ⛅ ☂ ☃
오늘 꼭! 할 일			

꼼꼼히 숙제하기	시간	분
열심히 공부하기	시간	분
즐겁게 책읽기	시간	분
잼있게 놀기	시간	분

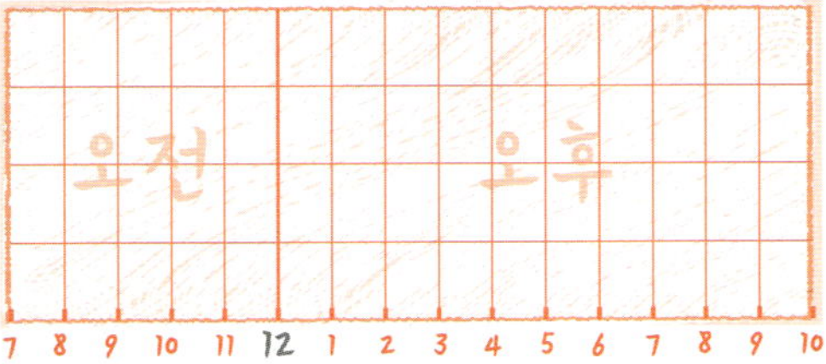

오늘의 나와 가장 가까운 답에 O표 하세요!

- 오늘의 기분은 어때요? □ 좋아요. □ 나빠요. □ 그냥 그래요.
- 아침밥을 먹었나요? □ 네. □ 아니요.
- 친구하고 사이좋게 지내고 있나요? □ 네. □ 아니요.
- 오늘도 힘찬 하루를 보낼 준비 됐나요? □ 네. □ 아니요.

39 더해서 10넘는 수(연습1)

월 일
분 초

소리내 풀기

앞의 수가 10이 될 수 있도록 뒤의 수를 갈라서 계산해 보세요.

1 9 + 2 =

2 9 + 4 =

3 9 + 5 =

4 9 + 6 =

5 8 + 3 =

6 8 + 5 =

7 8 + 6 =

8 8 + 4 =

9 7 + 5 =

10 7 + 4 =

11 7 + 6 =

12 6 + 5 =

tip 먼저 10의 자리를 만들어 놓고, 일의 자리를 만드는 방법입니다.

12문제 중 문제 맞았어!

확인문제

앞에서 배운 방법대로 계산해 보세요.

9 + 2 =

☐ ☐

활용문제

9 + 2 를 계산하기 위해서
2를 무엇과 무엇으로 갈라서 계산해야 하나요?

(,)

어제의 기록

어제했던 시간을 표시해봐요!

쿨쿨 잠자기	시	분
열심히 공부하기	시간	분
즐겁게 책읽기	시간	분
잼있게 놀기	시간	분

오전 오후

7 8 9 10 11 12 1 2 3 4 5 6 7 8 9 10

오늘의 준비

오늘의 할일을 적어봐요!

일어난 시간	시 분	날씨	☀ ⛅ 🌧 ⛄
오늘 꼭! 할 일			

꼼꼼히 숙제하기	시간	분
열심히 공부하기	시간	분
즐겁게 책읽기	시간	분
잼있게 놀기	시간	분

오전 오후

7 8 9 10 11 12 1 2 3 4 5 6 7 8 9 10

오늘의 나와 가장 가까운 답에 O표 하세요!

- 오늘의 기분은 어때요? ☐ 좋아요. ☐ 나빠요. ☐ 그냥 그래요.
- 아침밥을 먹었나요? ☐ 네. ☐ 아니요.
- 친구하고 사이좋게 지내고 있나요? ☐ 네. ☐ 아니요.
- 오늘도 힘찬 하루를 보낼 준비 됐나요? ☐ 네. ☐ 아니요.

40 더해서 10넘는 수(2)

월 일

분 초

소리내 읽기

더해서 10이 넘는 수의 계산방법

5+8계산은 5를

8이 10이 되기 위해 필요한 수 2로 갈라 10을 만들고

남은 3을 일의 자리에 적으면 13이 됩니다.

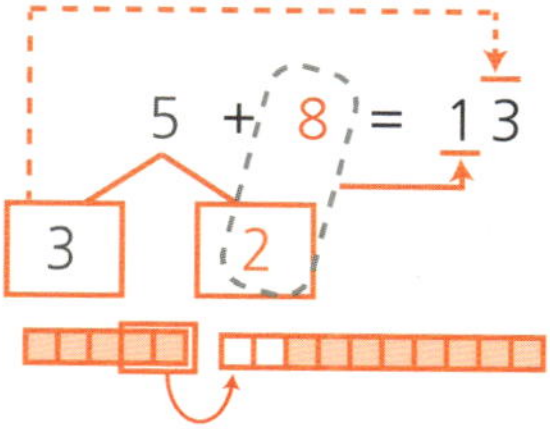

소리내 풀기

위의 방법을 이해하고 같은 방식으로 풀어보세요.

1 3 + 9 =

2 5 + 8 =

3 5 + 9 =

4 4 + 9 =

5 6 + 7 =

6 7 + 8 =

7 9 + 9 =

8 3 + 7 =

tip 앞과 뒤의 수 중에서 작은 수를 가르는 것이 계산이 쉽습니다.

8문제 중 문제 맞았어!

확인문제

앞에서 배운 방법대로 계산해 보세요.

5 + 8 =

□ □

활용문제

5 + 8 을 계산하기 위해서
5를 무엇과 무엇으로 갈라서 계산해야 하나요?

(,)

어제의 기록

어제했던 시간을 표시해봐요!

쿨쿨 잠자기	시	분
열심히 공부하기	시간	분
즐겁게 책읽기	시간	분
재있게 놀기	시간	분

오전 오후

7 8 9 10 11 12 1 2 3 4 5 6 7 8 9 10

오늘의 준비

오늘의 할일을 적어봐요!

일어난 시간	시 분	날씨	☼ ⛅ 🌧 ⛄
오늘 꼭! 할 일			

꼼꼼히 숙제하기	시간	분
열심히 공부하기	시간	분
즐겁게 책읽기	시간	분
재있게 놀기	시간	분

오전 오후

7 8 9 10 11 12 1 2 3 4 5 6 7 8 9 10

오늘의 나와 가장 가까운 답에 O표 하세요!

- 오늘의 기분은 어때요? □ 좋아요. □ 나빠요. □ 그냥 그래요.
- 아침밥을 먹었나요? □ 네. □ 아니요.
- 친구하고 사이좋게 지내고 있나요? □ 네. □ 아니요.
- 오늘도 힘찬 하루를 보낼 준비 됐나요? □ 네. □ 아니요.

41 더해서 10넘는 수(연습2)

소리내 풀기

뒤의 수가 10이 될 수 있도록 앞의 수를 갈라서 계산해 보세요.

1 $2 + 9 =$

2 $4 + 9 =$

3 $5 + 9 =$

4 $6 + 9 =$

5 $3 + 8 =$

6 $5 + 8 =$

7 $6 + 8 =$

8 $4 + 8 =$

9 $5 + 7 =$

10 $4 + 7 =$

11 $6 + 7 =$

12 $5 + 6 =$

tip 뒤에 수가 10이 되는 수로 먼저 갈르고, 나머지 수로 가르세요.

12문제 중 문제 맞았어!

확인문제

앞에서 배운 방법대로 계산해 보세요.

8 + 3 =

□ □

활용문제

8 + 3 을 계산하기 위해서
3을 2와 1로 갈라서 8+2을 먼저해서 10으로
만들고, 1을 붙여서 11이 됩니다.
왜 8을 안 가르고 3을 갈라야 할까요?

( )

어제의 기록

어제했던 시간을 표시해봐요!

쿨쿨 잠자기	시	분
열심히 공부하기	시간	분
즐겁게 책읽기	시간	분
잼있게 놀기	시간	분

오전 오후

7 8 9 10 11 12 1 2 3 4 5 6 7 8 9 10

오늘의 준비

오늘의 할일을 적어봐요!

일어난 시간	시	분	날씨	☼ ⛅ ☂ ☃
오늘 꼭! 할 일				

꼼꼼히 숙제하기	시간	분
열심히 공부하기	시간	분
즐겁게 책읽기	시간	분
잼있게 놀기	시간	분

오전 오후

7 8 9 10 11 12 1 2 3 4 5 6 7 8 9 10

오늘의 나와 가장 가까운 답에 O표 하세요!

- 오늘의 기분은 어때요? □ 좋아요. □ 나빠요. □ 그냥 그래요.
- 아침밥을 먹었나요? □ 네. □ 아니요.
- 친구하고 사이좋게 지내고 있나요? □ 네. □ 아니요.
- 오늘도 힘찬 하루를 보낼 준비 됐나요? □ 네. □ 아니요.

42 더해서 10넘는 수(연습3)

월 일
분 초

앞에서 배운 10이 되는 수로 갈라서 계산해 보세요.

소리내 풀기

1 $8 + 3 =$ □ □

2 $7 + 4 =$ □ □

3 $6 + 7 =$ □ □

4 $5 + 9 =$ □ □

5 $6 + 5 =$

6 $9 + 2 =$

7 $8 + 3 =$

8 $8 + 5 =$

9 $5 + 7 =$

10 $4 + 8 =$

11 $7 + 8 =$

12 $6 + 6 =$

tip 두 수중에 더 작은 수를 갈라서 계산합니다.

12 문제 중 문제 맞았어!

확인문제

앞에서 배운 방법대로 계산해 보세요.

4 + 7 =

□ □ □

활용문제

4 + 7 을 계산하기 위해서
어떤 수를 갈라서 계산하는게 좋을까요?

(　　　　　　)

어제의 기록

어제했던 시간을 표시해봐요!

쿨쿨 잠자기	시	분
열심히 공부하기	시간	분
즐겁게 책읽기	시간	분
잼있게 놀기	시간	분

오전 오후

7 8 9 10 11 12 1 2 3 4 5 6 7 8 9 10

오늘의 준비

오늘의 할일을 적어봐요!

일어난 시간	시 분	날씨	☀ ⛅ 🌧 ⛄
오늘 꼭! 할 일			

꼼꼼히 숙제하기	시간	분
열심히 공부하기	시간	분
즐겁게 책읽기	시간	분
잼있게 놀기	시간	분

오전 오후

7 8 9 10 11 12 1 2 3 4 5 6 7 8 9 10

오늘의 나와 가장 가까운 답에 O표 하세요!

- 오늘의 기분은 어때요? □ 좋아요. □ 나빠요. □ 그냥 그래요.
- 아침밥을 먹었나요? □ 네. □ 아니요.
- 친구하고 사이좋게 지내고 있나요? □ 네. □ 아니요.
- 오늘도 힘찬 하루를 보낼 준비 됐나요? □ 네. □ 아니요.

43 더하기(연습3)

월 일
분 초

소리내 풀기

중앙의 수와 중간의 수를 더하여 가장자리에 적으세요.

9 + 3의 값을 적으세요.

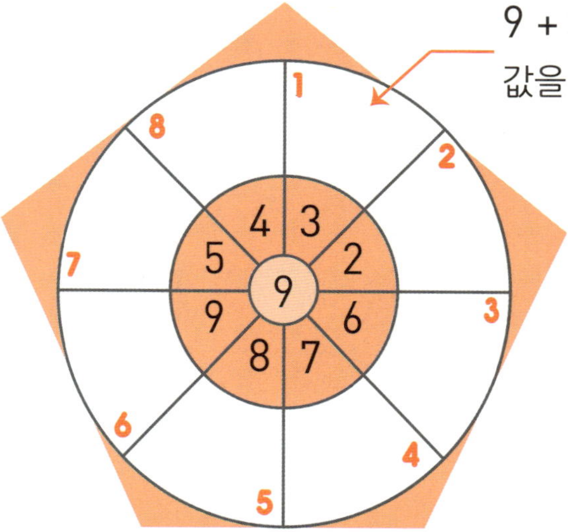

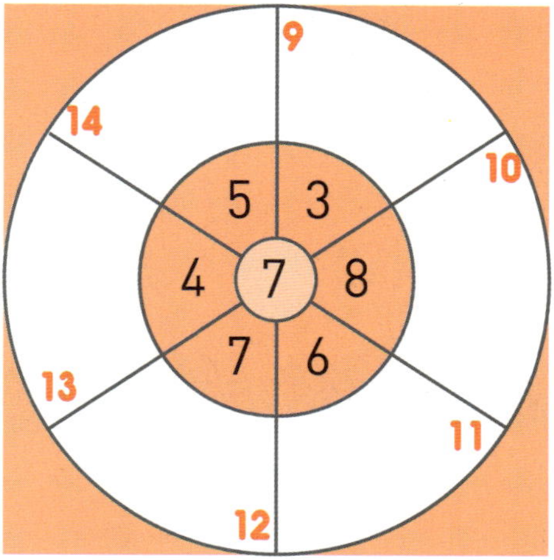

tip 더해서 10이 넘는 수의 계산을 조심해서 해 봅니다.

14문제 중 문제 맞았어!

확인문제 | 활용문제

9 + 8 =

4 + 5 + 8 =

어제의 기록

어제했던 시간을 표시해봐요!

쿨쿨 잠자기	시	분
열심히 공부하기	시간	분
즐겁게 책읽기	시간	분
잼있게 놀기	시간	분

오전 오후

7 8 9 10 11 12 1 2 3 4 5 6 7 8 9 10

오늘의 준비

오늘의 할일을 적어봐요!

일어난 시간	시 분	날씨	☼ ⛅ 🌧 ☃
오늘 꼭! 할 일			

꼼꼼히 숙제하기	시간	분
열심히 공부하기	시간	분
즐겁게 책읽기	시간	분
잼있게 놀기	시간	분

오전 오후

7 8 9 10 11 12 1 2 3 4 5 6 7 8 9 10

오늘의 나와 가장 가까운 답에 O표 하세요!

- 오늘의 기분은 어때요? ☐ 좋아요. ☐ 나빠요. ☐ 그냥 그래요.
- 아침밥을 먹었나요? ☐ 네. ☐ 아니요.
- 친구하고 사이좋게 지내고 있나요? ☐ 네. ☐ 아니요.
- 오늘도 힘찬 하루를 보낼 준비 됐나요? ☐ 네. ☐ 아니요.

44 10넘는수 빼기(1)

월 일
분 초

소리내 읽기

10이 넘는 수의 빼기 (첫번째방법)

13 - 4 계산은 13을 10과 3으로 가르고
10에서 4를 뺀 수 6과 남은 3을 더하면
9 가 됩니다.

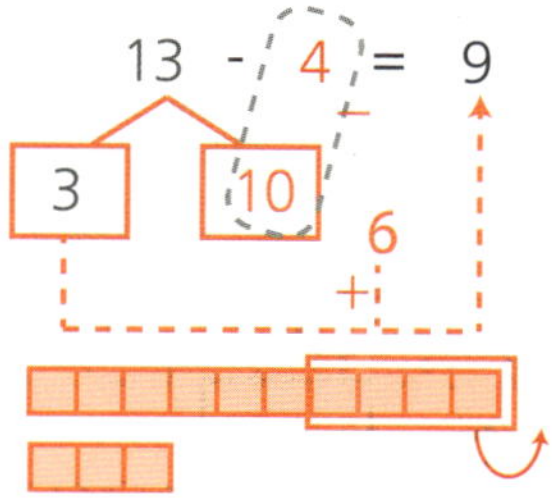

소리내 풀기

위의 방법을 이해하고 같은 방식으로 풀어보세요.

1 11 - 7 =

2 16 - 8 =

3 15 - 9 =

4 12 - 8 =

5 13 - 7 =

6 15 - 8 =

7 14 - 6 =

8 13 - 9 =

tip 10에서 뒤의수를 뺀 수 + 일의 자리 수

8문제 중 문제 맞았어!

확인문제

앞에서 배운 방법대로 계산해 보세요.

13 - 4 =

활용문제

13 - 4의 계산은 10에서 4를 먼저 뺀수에 3을 더해 주면 됩니다. 값은 얼마일까요?

(　　　　　　)

어제의 기록

어제했던 시간을 표시해봐요!

쿨쿨 잠자기	시	분
열심히 공부하기	시간	분
즐겁게 책읽기	시간	분
잼있게 놀기	시간	분

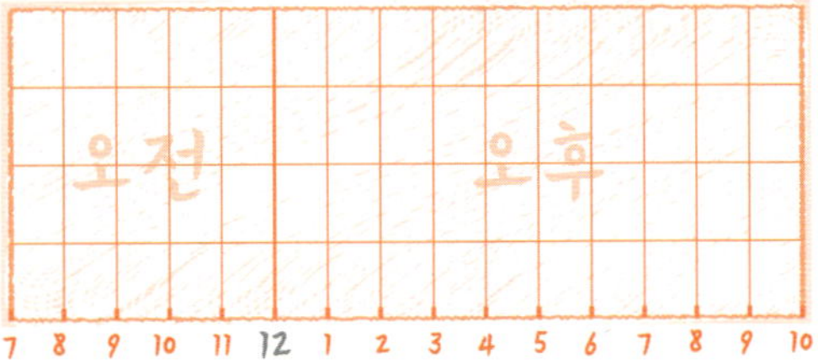

오늘의 준비

오늘의 할일을 적어봐요!

일어난 시간	시 분	날씨	
오늘 꼭! 할 일			

꼼꼼히 숙제하기	시간	분
열심히 공부하기	시간	분
즐겁게 책읽기	시간	분
잼있게 놀기	시간	분

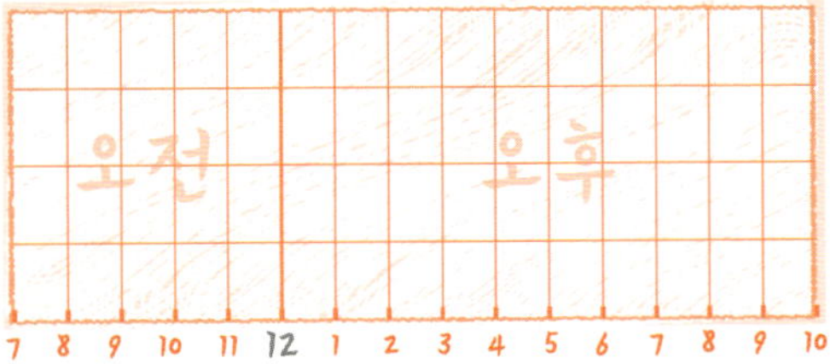

오늘의 나와 가장 가까운 답에 O표 하세요!

- 오늘의 기분은 어때요? ☐ 좋아요. ☐ 나빠요. ☐ 그냥 그래요.
- 아침밥을 먹었나요? ☐ 네. ☐ 아니요.
- 친구하고 사이좋게 지내고 있나요? ☐ 네. ☐ 아니요.
- 오늘도 힘찬 하루를 보낼 준비 됐나요? ☐ 네. ☐ 아니요.

45 10넘는수 빼기(연습1)

월 일
분 초

소리내 풀기 10이 넘는수를 10과 다른 수로 갈라서 계산해 보세요.

1 12 - 9 =

2 13 - 9 =

3 15 - 9 =

4 14 - 9 =

5 13 - 8 =

6 15 - 8 =

7 16 - 8 =

8 14 - 8 =

9 15 - 7 =

10 12 - 5 =

11 17 - 8 =

12 16 - 9 =

tip 먼저 10에서 뒤의 수를 빼고 일의 자리 수를 더하면 됩니다.

12문제 중 문제 맞았어!

확인문제

앞에서 배운 방법대로 계산해 보세요.

12 - 9 =

□ □

활용문제

12 - 9의 계산은 10에서 9를 먼저 뺀수에 2을 더해 주면 됩니다. 값은 얼마일까요?

( )

어제의 기록

어제했던 시간을 표시해봐요!

쿨쿨 잠자기	시	분
열심히 공부하기	시간	분
즐겁게 책읽기	시간	분
잼있게 놀기	시간	분

오전 오후

7 8 9 10 11 12 1 2 3 4 5 6 7 8 9 10

오늘의 준비

오늘의 할일을 적어봐요!

일어난 시간	시 분	날 씨	
오늘 꼭! 할 일			

꼼꼼히 숙제하기	시간	분
열심히 공부하기	시간	분
즐겁게 책읽기	시간	분
잼있게 놀기	시간	분

오전 오후

7 8 9 10 11 12 1 2 3 4 5 6 7 8 9 10

오늘의 나와 가장 가까운 답에 O표 하세요!

- 오늘의 기분은 어때요? □ 좋아요. □ 나빠요. □ 그냥 그래요.
- 아침밥을 먹었나요? □ 네. □ 아니요.
- 친구하고 사이좋게 지내고 있나요? □ 네. □ 아니요.
- 오늘도 힘찬 하루를 보낼 준비 됐나요? □ 네. □ 아니요.

46 10넘는수 빼기(2)

월 일
분 초

소리내 읽기

10이 넘는 수의 빼기 (두번째방법)

13 - 4계산은

13에서 3을 빼주면 10이 되므로 4를 3과 1로 갈라서

13-3을 먼저 뺀 수 10에서 1을 더 빼면 9가 됩니다.

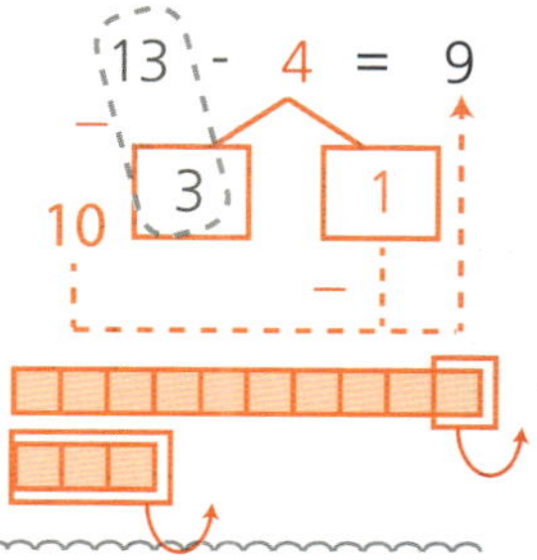

소리내 풀기

위의 방법을 이해하고 같은 방식으로 풀어보세요.

1 12 - 3 =

2 11 - 4 =

3 13 - 4 =

4 14 - 6 =

5 15 - 6 =

6 12 - 5 =

7 14 - 4 =

8 13 - 7 =

tip 10이 넘는 수의 일의 자리수를 먼저 적고, 나머지 수로 갈라서 계산하세요.

8문제 중 문제 맞았어!

확인문제

앞에서 배운 방법대로 계산해 보세요.

13 - 4 =

□ □

활용문제

13 - 4의 계산은 13을 10으로 먼저 만들어 주기위해 4를 3과 1로 갈라서 계산합니다. 3을 빼면 10이 되고 남은 1을 10에서 빼주면 되기 때문입니다. 답은 몇일까요?

(　　　　　　)

어제의 기록

어제했던 시간을 표시해봐요!

쿨쿨 잠자기	시	분
열심히 공부하기	시간	분
즐겁게 책읽기	시간	분
잼있게 놀기	시간	분

오전 오후

7 8 9 10 11 12 1 2 3 4 5 6 7 8 9 10

오늘의 준비

오늘의 할일을 적어봐요!

일어난 시간	시 분	날씨	☼ ⛅ 🌧 ☃
오늘 꼭! 할 일			

꼼꼼히 숙제하기	시간	분
열심히 공부하기	시간	분
즐겁게 책읽기	시간	분
잼있게 놀기	시간	분

오전 오후

7 8 9 10 11 12 1 2 3 4 5 6 7 8 9 10

오늘의 나와 가장 가까운 답에 O표 하세요!

- 오늘의 기분은 어때요? □ 좋아요. □ 나빠요. □ 그냥 그래요.
- 아침밥을 먹었나요? □ 네. □ 아니요.
- 친구하고 사이좋게 지내고 있나요? □ 네. □ 아니요.
- 오늘도 힘찬 하루를 보낼 준비 됐나요? □ 네. □ 아니요.

47 10넘는수 빼기(연습2)

월 일
분 초

소리내 풀기

10이 넘는 수를 먼저 10으로 만들어서 계산해 보세요.

1 12 - 8 =

2 13 - 8 =

3 15 - 8 =

4 13 - 9 =

5 12 - 7 =

6 14 - 7 =

7 15 - 7 =

8 13 - 7 =

9 14 - 6 =

10 16 - 8 =

11 16 - 7 =

12 15 - 6 =

tip 빨리 풀리말고, 왜 이렇게 풀어야 하는지를 곰곰히 생각해 보세요.

12문제 중 문제 맞았어!

확인문제

앞에서 배운 방법대로 계산해 보세요.

12 - 8 =

□ □

활용문제

12 - 8의 계산하기위해 8을 갈라서 계산하려고 합니다. 어떤 두 개의 수로 갈라서 계산해야 할까요?

(,)

어제의 기록

어제했던 시간을 표시해봐요!

쿨쿨 잠자기	시	분
열심히 공부하기	시간	분
즐겁게 책읽기	시간	분
재있게 놀기	시간	분

오늘의 준비

오늘의 할일을 적어봐요!

일어난 시간	시 분	날씨	☼ ⛅ 🌧 ☃
오늘 꼭! 할 일			

꼼꼼히 숙제하기	시간	분
열심히 공부하기	시간	분
즐겁게 책읽기	시간	분
재있게 놀기	시간	분

오늘의 나와 가장 가까운 답에 O표 하세요!

- ✦ 오늘의 기분은 어때요? □ 좋아요. □ 나빠요. □ 그냥 그래요.
- ✦ 아침밥을 먹었나요? □ 네. □ 아니요.
- ✦ 친구하고 사이좋게 지내고 있나요? □ 네. □ 아니요.
- ✦ 오늘도 힘찬 하루를 보낼 준비 됐나요? □ 네. □ 아니요.

48 10넘는수 빼기(연습3)

월 일
분 초

소리내 풀기

앞에서 배운 빼기 방법을 이용하여 계산해 보세요.

1 12 - 8 =

2 12 - 8 =

3 13 - 7 =

4 13 - 7 =

5 15 - 6 =

6 15 - 6 =

7 16 - 8 =

8 16 - 8 =

9 13 - 5 =

10 13 - 5 =

11 12 - 4 =

12 12 - 4 =

tip 두가지 방법을 모두 익히고, 자신에게 더 쉬운 방법으로 계산하면 됩니다.

12문제 중 문제 맞았어!

확인문제

풀기 편한 방법으로 계산해보세요.

12 - 8 =

활용문제

12 - 8의 계산은 12를 갈라서 풀수도 있고, 8을 갈라서 풀수도 있습니다. 어떤 방법이 더 풀기 좋은 가요?

(   )

어제의 기록

어제했던 시간을 표시해봐요!

쿨쿨 잠자기	시	분
열심히 공부하기	시간	분
즐겁게 책읽기	시간	분
잼있게 놀기	시간	분

오전						오후									
7	8	9	10	11	12	1	2	3	4	5	6	7	8	9	10

오늘의 준비

오늘의 할일을 적어봐요!

일어난 시간	시 분	날씨	☼ ⛅ 🌨 ☃
오늘 꼭! 할 일			

꼼꼼히 숙제하기	시간	분
열심히 공부하기	시간	분
즐겁게 책읽기	시간	분
잼있게 놀기	시간	분

오전						오후									
7	8	9	10	11	12	1	2	3	4	5	6	7	8	9	10

오늘의 나와 가장 가까운 답에 O표 하세요!

- 오늘의 기분은 어때요? ☐ 좋아요. ☐ 나빠요. ☐ 그냥 그래요.
- 아침밥을 먹었나요? ☐ 네. ☐ 아니요.
- 친구하고 사이좋게 지내고 있나요? ☐ 네. ☐ 아니요.
- 오늘도 힘찬 하루를 보낼 준비 됐나요? ☐ 네. ☐ 아니요.

49 빼기(연습3)

월 일
분 초

중앙의 수와 중간의 수를 빼서 가장자리에 적으세요.

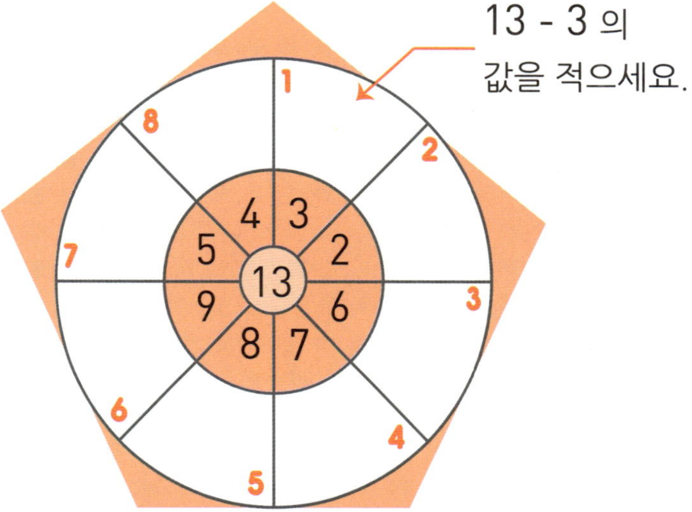

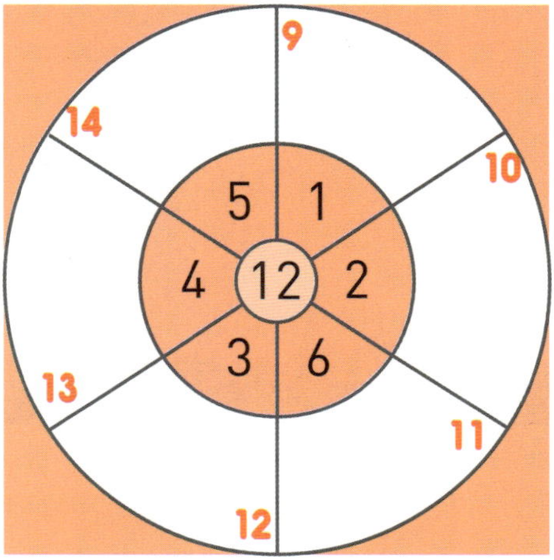

tip 13 - 4 = 9 와 같이, 빼서 10보다 작은 수가 될때 조심해서 계산하세요.

14문제 중 문제 맞았어!

확인문제

앞에서 배운 방법대로 계산해 보세요.

13 - 7 =

□ □

활용문제

앞에서 배운 방법대로 계산해 보세요.

13 - 7 =

□ □

어제의 기록

어제했던 시간을 표시해봐요!

쿨쿨 잠자기	시	분
열심히 공부하기	시간	분
즐겁게 책읽기	시간	분
잼있게 놀기	시간	분

오전 오후

7 8 9 10 11 12 1 2 3 4 5 6 7 8 9 10

오늘의 준비

오늘의 할일을 적어봐요!

일어난 시간	시 분	날씨	☼ ⛅ ☁ ☃
오늘 꼭! 할 일			

꼼꼼히 숙제하기	시간	분
열심히 공부하기	시간	분
즐겁게 책읽기	시간	분
잼있게 놀기	시간	분

오전 오후

7 8 9 10 11 12 1 2 3 4 5 6 7 8 9 10

오늘의 나와 가장 가까운 답에 O표 하세요!

- 오늘의 기분은 어때요? □ 좋아요. □ 나빠요. □ 그냥 그래요.
- 아침밥을 먹었나요? □ 네. □ 아니요.
- 친구하고 사이좋게 지내고 있나요? □ 네. □ 아니요.
- 오늘도 힘찬 하루를 보낼 준비 됐나요? □ 네. □ 아니요.

50 숫자생각해보기

소리내 풀기

□ 안에 들어갈 알맞은 수를 찾아보세요.

1. 9 + □ = 10
2. 12 - □ = 0
3. □ + 9 = 11
4. □ - 8 = 10
5. 7 + □ = 12
6. 16 - □ = 9
7. □ + 4 = 13
8. □ - 9 = 1
9. 8 + □ = 14
10. 11 - □ = 2

tip 더해서 10이 되는 수를 잘 생각해서, 적당한 수를 하나씩 넣어서 계산해보세요.

10문제 중 문제 맞았어!

확인문제

9 + □ = 10

활용문제

나는 연필이 9자루 있었습니다. 민규가 나에게 연필을 선물로 주어서 10자루가 되었습니다. 민규는 나에게 몇 자루를 선물로 주었을까요?

(   )

어제의 기록

어제했던 시간을 표시해봐요!

쿨쿨 잠자기	시	분
열심히 공부하기	시간	분
즐겁게 책읽기	시간	분
잼있게 놀기	시간	분

오전 오후

7 8 9 10 11 12 1 2 3 4 5 6 7 8 9 10

오늘의 준비

오늘의 할일을 적어봐요!

일어난 시간	시 분	날씨	☼ ⛅ 🌧 ☃
오늘 꼭! 할 일			

꼼꼼히 숙제하기	시간	분
열심히 공부하기	시간	분
즐겁게 책읽기	시간	분
잼있게 놀기	시간	분

오전 오후

7 8 9 10 11 12 1 2 3 4 5 6 7 8 9 10

오늘의 나와 가장 가까운 답에 O표 하세요!

- 오늘의 기분은 어때요? □ 좋아요. □ 나빠요. □ 그냥 그래요.
- 아침밥을 먹었나요? □ 네. □ 아니요.
- 친구하고 사이좋게 지내고 있나요? □ 네. □ 아니요.
- 오늘도 힘찬 하루를 보낼 준비 됐나요? □ 네. □ 아니요.

51 50까지의 수

월 일
분 초

소리내 읽기

낱개와 묶음

옆의 그림은 연필이
10개 묶음 4개과 낱개 5개입니다.
합은 45개 입니다.

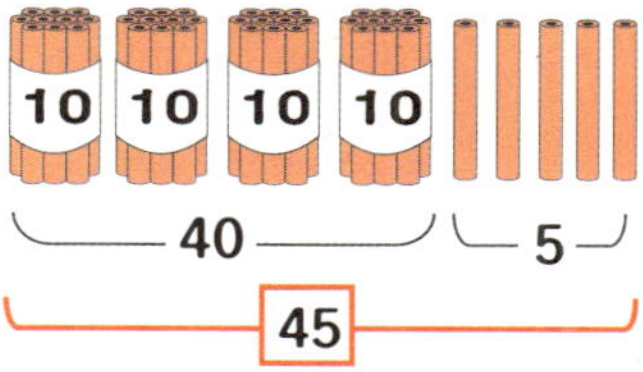

소리내 풀기

아래의 연필이 몇개인지를 네모안에 적어보세요.

1 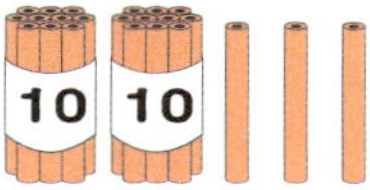

☐ 개

2 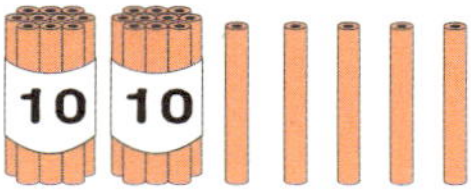

☐ 개

3 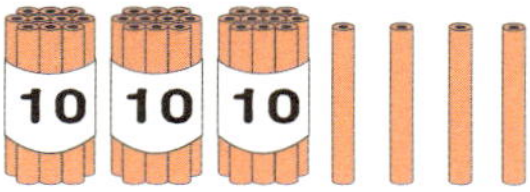

☐ 개

4 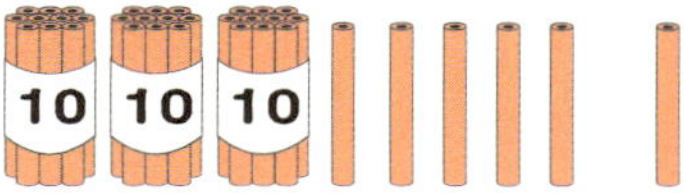

☐ 개

5 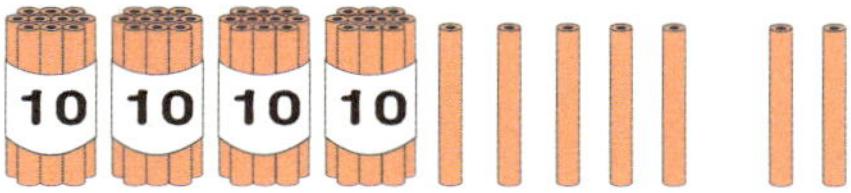

☐ 개

6 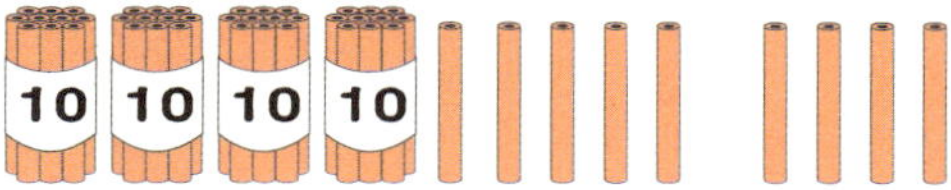

☐ 개

tip 묶음이란 묶어 놓은 덩이를 세는 단위를 말합니다. 1개씩 있는것은 낱개입니다.

6문제 중 문제 맞았어!

확인문제

그림에 있는 연필은 모두 몇자루인가요?

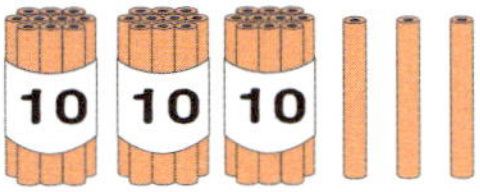

활용문제

연필이 10개 묶음으로 3개가 있고,
낱개로 3자루가 더 있습니다.
연필은 모두 몇 자루 인가요?

(　　　　　　　　　　)

어제의 기록

어제했던 시간을 표시해봐요!

쿨쿨 잠자기	시간	분
열심히 공부하기	시간	분
즐겁게 책읽기	시간	분
잼있게 놀기	시간	분

오전 오후

7 8 9 10 11 12 1 2 3 4 5 6 7 8 9 10

오늘의 준비

오늘의 할일을 적어봐요!

일어난 시간	시 분	날 씨	☼ ⛅ ☂ ☃
오늘 꼭! 할 일			

꼼꼼히 숙제하기	시간	분
열심히 공부하기	시간	분
즐겁게 책읽기	시간	분
잼있게 놀기	시간	분

오전 오후

7 8 9 10 11 12 1 2 3 4 5 6 7 8 9 10

오늘의 나와 가장 가까운 답에 O표 하세요!

- 오늘의 기분은 어때요? ☐ 좋아요. ☐ 나빠요. ☐ 그냥 그래요.
- 아침밥을 먹었나요? ☐ 네. ☐ 아니요.
- 친구하고 사이좋게 지내고 있나요? ☐ 네. ☐ 아니요.
- 오늘도 힘찬 하루를 보낼 준비 됐나요? ☐ 네. ☐ 아니요.

52 묶음과 낱개

월 일
분 초

소리내 읽기

낱개와 묶음

24개는

10개 묶음 2개와 낱개 4개의 합입니다.

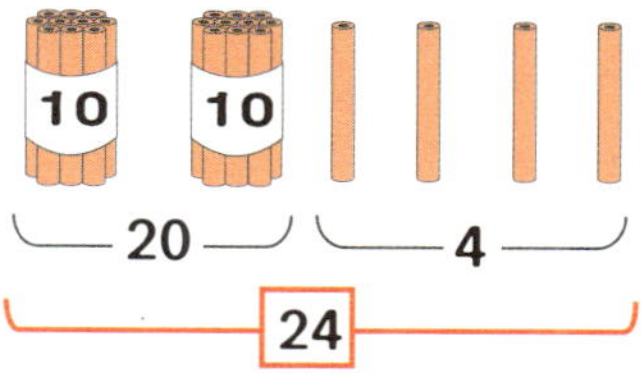

소리내 풀기

아래의 네모에 들어갈 적절한 수를 적으세요.

1 10개 묶음 2개, 낱개 7개의 합은 ☐ 개 입니다.

2 36은 10개 묶음 ☐ 개, 낱개 ☐ 개의 합입니다.

3 50은 10개 묶음 ☐ 개, 낱개 ☐ 개의 합입니다.

4 10개 묶음 3개, 낱개 3개의 합은 ☐ 개입니다.

5 49는 10개 묶음 ☐ 개, 낱개 ☐ 개의 합입니다.

6 90은 10개묶음 ☐ 개입니다.

tip 10개 묶음이 1개면 10, 2개면 20, 3개면 30, 4개면 40, 5개면 50개입니다.

6문제 중 문제 맞았어!

확인문제

10개 묶음 2개, 낱개 4개를 합하면 모두 몇개 인가요?

☐ 개

활용문제

10개 묶음 1개는 낱개가 10개 있는 것입니다. 10개 묶음 2개는 낱개가 몇개 있는 걸까요?

(   )

어제의 기록

어제했던 시간을 표시해봐요!

쿨쿨 잠자기	시	분
열심히 공부하기	시간	분
즐겁게 책읽기	시간	분
잼있게 놀기	시간	분

오전 오후

7 8 9 10 11 12 1 2 3 4 5 6 7 8 9 10

오늘의 준비

오늘의 할일을 적어봐요!

일어난 시간	시 분	날씨	☼ ⛅ ☂ ☃
오늘 꼭! 할 일			

꼼꼼히 숙제하기	시간	분
열심히 공부하기	시간	분
즐겁게 책읽기	시간	분
잼있게 놀기	시간	분

오전 오후

7 8 9 10 11 12 1 2 3 4 5 6 7 8 9 10

오늘의 나와 가장 가까운 답에 O표 하세요!

- 오늘의 기분은 어때요? ☐ 좋아요. ☐ 나빠요. ☐ 그냥 그래요.
- 아침밥을 먹었나요? ☐ 네. ☐ 아니요.
- 친구하고 사이좋게 지내고 있나요? ☐ 네. ☐ 아니요.
- 오늘도 힘찬 하루를 보낼 준비 됐나요? ☐ 네. ☐ 아니요.

53 더 큰수와 더 작은수(3)

소리내 읽기

3이 더 큰 수는 무엇일까요?

40 에서 3 이 더 큰 수는 43 입니다.

소리내 풀기

위의 자를 보고 □ 안에 알맞은 수를 넣으세요.

1 40에서 1이 더 큰 수는 □ 입니다.

2 40에서 2가 더 작은 수는 □ 입니다.

3 40에서 5이 더 큰 수는 □ 입니다.

4 40에서 6이 더 작은 수는 □ 입니다.

5 40에서 7이 더 큰 수는 □ 입니다.

6 50에서 10이 더 작은 수는 □ 입니다.

tip 하나,둘,셋이나 일,이,삼으로 세고 마지막으로 센수가 개수가 됩니다.

6문제 중 문제 맞았어!

확인문제

40에서 3이 큰수는 어떤 수인가요?

☐

활용문제

40 + 3 =

☐

어제의 기록

어제했던 시간을 표시해봐요!

쿨쿨 잠자기	시	분
열심히 공부하기	시간	분
즐겁게 책읽기	시간	분
잼있게 놀기	시간	분

오전 오후

7 8 9 10 11 12 1 2 3 4 5 6 7 8 9 10

오늘의 준비

오늘의 할일을 적어봐요!

일어난 시간	시 분	날씨	☀ ⛅ 🌧 ☃
오늘 꼭! 할 일			

꼼꼼히 숙제하기	시간	분
열심히 공부하기	시간	분
즐겁게 책읽기	시간	분
잼있게 놀기	시간	분

오전 오후

7 8 9 10 11 12 1 2 3 4 5 6 7 8 9 10

오늘의 나와 가장 가까운 답에 O표 하세요!

- 오늘의 기분은 어때요? ☐ 좋아요. ☐ 나빠요. ☐ 그냥 그래요.
- 아침밥을 먹었나요? ☐ 네. ☐ 아니요.
- 친구하고 사이좋게 지내고 있나요? ☐ 네. ☐ 아니요.
- 오늘도 힘찬 하루를 보낼 준비 됐나요? ☐ 네. ☐ 아니요.

54 더 큰수 알기(2)

월 일
분 초

소리내 읽기

27과 29 중 더 큰 수는

첫째, 십의 자리가 크고,

둘째, 십의 자리가 같으면,

일의 자리가 더 큰수가 큰 수 입니다.

27	19	더 큰 수는	27
27	29	더 큰 수는	29
27	39	더 큰 수는	39

소리내 풀기

두 개의 수를 읽고 더 큰 수를 □에 적으세요.

번호			답
1	23	33	
2	42	32	
3	22	21	
4	17	19	
5	29	31	
6	19	20	
7	42	37	
8	23	25	
9	47	49	
10	49	40	

tip 더 큰 수는 수를 순서대로 세거나 적을때 뒤에 나오는 수가 더 큰수입니다.

10 문제 중 문제 맞았어!

확인문제

더 큰 수를 네모에 적어보세요.

27	29	□

활용문제

27보다 29가 더 큽니다.
왜 클까요?

(　　　　　　　　　　　　　　　　　)

어제의 기록

어제했던 시간을 표시해봐요!

쿨쿨 잠자기	시	분
열심히 공부하기	시간	분
즐겁게 책읽기	시간	분
재있게 놀기	시간	분

오전 오후

7 8 9 10 11 12 1 2 3 4 5 6 7 8 9 10

오늘의 준비

오늘의 할일을 적어봐요!

일어난 시간	시 분	날씨	☼ ⛅ 🌧 ☃
오늘 꼭! 할 일			

꼼꼼히 숙제하기	시간	분
열심히 공부하기	시간	분
즐겁게 책읽기	시간	분
재있게 놀기	시간	분

오전 오후

7 8 9 10 11 12 1 2 3 4 5 6 7 8 9 10

오늘의 나와 가장 가까운 답에 O표 하세요!

- 오늘의 기분은 어때요? □ 좋아요. □ 나빠요. □ 그냥 그래요.
- 아침밥을 먹었나요? □ 네. □ 아니요.
- 친구하고 사이좋게 지내고 있나요? □ 네. □ 아니요.
- 오늘도 힘찬 하루를 보낼 준비 됐나요? □ 네. □ 아니요.

월 일
분 초

소리내 풀기

알맞은 수를 적으세요.

1 30에서 8이 더 큰 수는 ☐ 입니다.

2 40에서 9가 더 작은 수는 ☐ 입니다.

3 40에서 10이 더 큰 수는 ☐ 입니다.

4 30에서 10이 더 작은 수는 ☐ 입니다.

5 33 – 34 – ☐ – 36 – ☐

6 15 – 20 – ☐ – 30 – ☐

7 50 – 48 – ☐ – 44 – ☐

8 45 – 40 – ☐ – 30 – ☐

tip 더 큰수는 더하기를, 더 작은수는 빼기를 하라는 말과 같습니다.

8 문제 중 문제 맞았어!

확인문제

40에서 10이 더 큰수는 무엇인가요?

[ ]

활용문제

비어있는 네모에 적당한 수를 적으세요.

10 — 20 — [ ] — 40 — [ ]

어제의 기록

어제했던 시간을 표시해봐요!

쿨쿨 잠자기	시	분
열심히 공부하기	시간	분
즐겁게 책읽기	시간	분
잼있게 놀기	시간	분

오전 오후

7 8 9 10 11 12 1 2 3 4 5 6 7 8 9 10

오늘의 준비

오늘의 할일을 적어봐요!

일어난 시간	시	분	날씨	
오늘 꼭! 할 일				

꼼꼼히 숙제하기	시간	분
열심히 공부하기	시간	분
즐겁게 책읽기	시간	분
잼있게 놀기	시간	분

오전 오후

7 8 9 10 11 12 1 2 3 4 5 6 7 8 9 10

오늘의 나와 가장 가까운 답에 O표 하세요!

- 오늘의 기분은 어때요? ☐ 좋아요. ☐ 나빠요. ☐ 그냥 그래요.
- 아침밥을 먹었나요? ☐ 네. ☐ 아니요.
- 친구하고 사이좋게 지내고 있나요? ☐ 네. ☐ 아니요.
- 오늘도 힘찬 하루를 보낼 준비 됐나요? ☐ 네. ☐ 아니요.

56 수의 위치

월 일
분 초

소리내 풀기

밑의 네모안에 1부터 100까지의 수를 모두 적어 보세요.

1	2	3	4	5	6	7	8	9	10
11	12	13	14	15	16	17	18	19	20
21	22	23	24	25	26	27	28	29	30
31	32	33	34	35	36	37	38	39	40
41	42	43	44	45	46	47	48	49	50
51	52	53	54	55	56	57	58	59	60
61	62	63	64	65	66	67	68	69	70
71	72	73	74	75	76	77	78	79	80
81	82	83	84	85	86	87	88	89	90
91	92	93	94	95	96	97	98	99	100

tip 1부터 100까지 적는 연습을 하면 수에 대한 느낌이 오게 됩니다. 반복하세요.

100문제 중 문제 맞았어!

확인문제

앞의 100까지 적은 표에서 보면 29보다 10이 더 큰수는 29의 바로 밑에 있는 수입니다. 몇 일까요?

[ ]

활용문제

비어있는 네모에 적당한 수를 적으세요.

17 – 27 – [ ] – 47 – [ ]

어제의 기록

어제했던 시간을 표시해봐요!

쿨쿨 잠자기	시	분
열심히 공부하기	시간	분
즐겁게 책읽기	시간	분
잼있게 놀기	시간	분

오전 오후

7 8 9 10 11 12 1 2 3 4 5 6 7 8 9 10

오늘의 준비

오늘의 할일을 적어봐요!

일어난 시간	시	분	날씨	☀ ⛅ ☔ ⛄
오늘 꼭! 할 일				

꼼꼼히 숙제하기	시간	분
열심히 공부하기	시간	분
즐겁게 책읽기	시간	분
잼있게 놀기	시간	분

오전 오후

7 8 9 10 11 12 1 2 3 4 5 6 7 8 9 10

오늘의 나와 가장 가까운 답에 O표 하세요!

- 오늘의 기분은 어때요? ☐ 좋아요. ☐ 나빠요. ☐ 그냥 그래요.
- 아침밥을 먹었나요? ☐ 네. ☐ 아니요.
- 친구하고 사이좋게 지내고 있나요? ☐ 네. ☐ 아니요.
- 오늘도 힘찬 하루를 보낼 준비 됐나요? ☐ 네. ☐ 아니요.

57 더하기(연습4)

월 일
분 초

소리내 풀기

중앙의 수와 중간의 수를 더하여 가장자리에 적으세요.

8 + 3의
값을 적으세요.

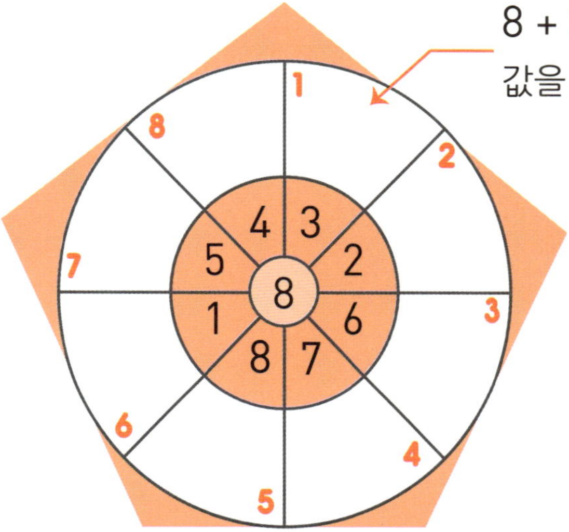

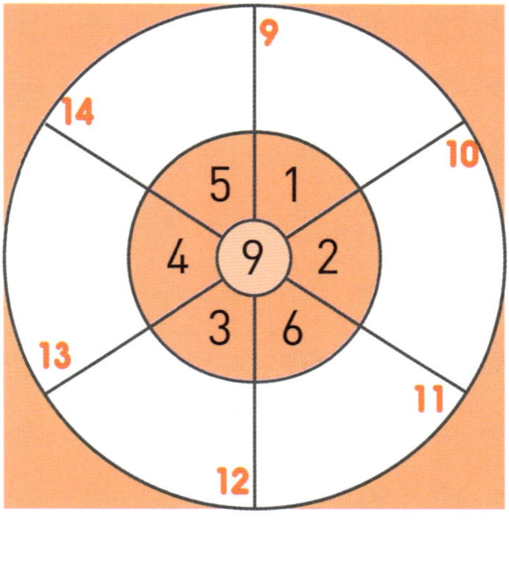

tip 하루 하루 꾸준히 연습하면 계산력은 누구나 잘 할 수있습니다.

14문제 중 문제 맞았어!

확인문제

앞의 100까지 적은 표에서 보면 29보다 20이 더 큰수는 29의 두칸 밑에 있는 수입니다. 몇 일까요?

☐

활용문제

비어있는 네모에 적당한 수를 적으세요.

21 — 22 — ☐ — 24 — ☐

어제의 기록

어제했던 시간을 표시해봐요!

쿨쿨 잠자기	시	분
열심히 공부하기	시간	분
즐겁게 책읽기	시간	분
잼있게 놀기	시간	분

오전 오후

7 8 9 10 11 12 1 2 3 4 5 6 7 8 9 10

오늘의 준비

오늘의 할일을 적어봐요!

일어난 시간	시 분	날씨
오늘 꼭! 할 일		

꼼꼼히 숙제하기	시간	분
열심히 공부하기	시간	분
즐겁게 책읽기	시간	분
잼있게 놀기	시간	분

오전 오후

7 8 9 10 11 12 1 2 3 4 5 6 7 8 9 10

오늘의 나와 가장 가까운 답에 O표 하세요!

- 오늘의 기분은 어때요? ☐ 좋아요. ☐ 나빠요. ☐ 그냥 그래요.
- 아침밥을 먹었나요? ☐ 네. ☐ 아니요.
- 친구하고 사이좋게 지내고 있나요? ☐ 네. ☐ 아니요.
- 오늘도 힘찬 하루를 보낼 준비 됐나요? ☐ 네. ☐ 아니요.

58 빼기(연습4)

소리내 풀기 중앙의 수와 중간의 수를 빼서 가장자리에 적으세요.

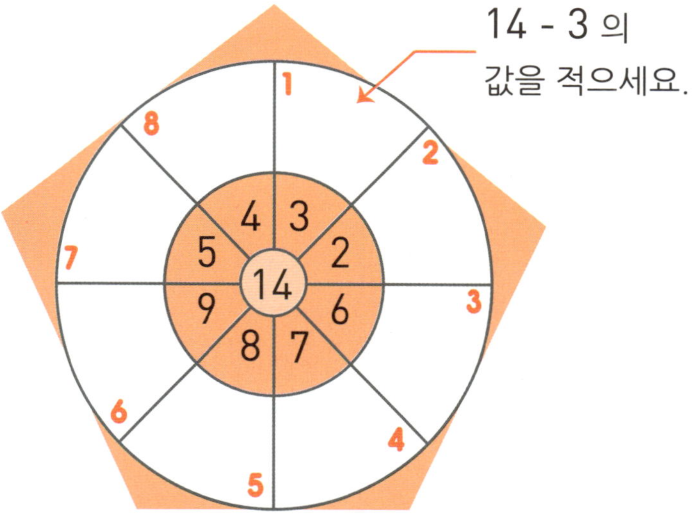

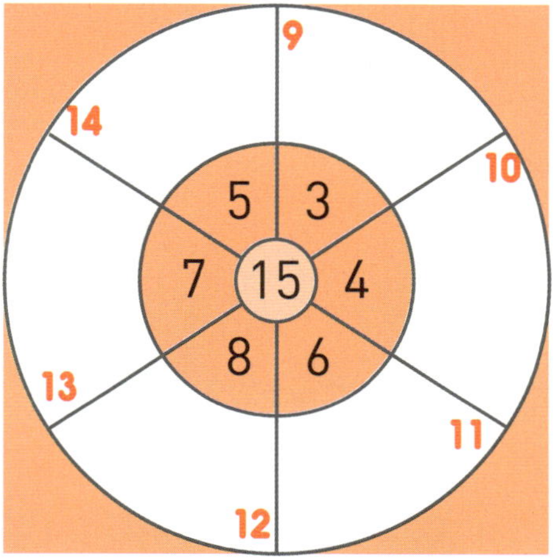

확인문제

앞의 100까지 적은 표에서 보면
29보다 20이 더 작은수는 29의 두칸 위에
있는 수입니다. 몇 일까요?

☐

활용문제

비어있는 네모에 적당한 수를 적으세요.

53 – 43 – ☐ – 23 – ☐

어제의 기록

어제했던 시간을 표시해봐요!

쿨쿨 잠자기	시	분
열심히 공부하기	시간	분
즐겁게 책읽기	시간	분
잼있게 놀기	시간	분

오전 오후

7 8 9 10 11 12 1 2 3 4 5 6 7 8 9 10

오늘의 준비

오늘의 할일을 적어봐요!

일어난 시간	시 분	날씨	☀ ⛅ 🌧 ☃
오늘 꼭! 할 일			

꼼꼼히 숙제하기	시간	분
열심히 공부하기	시간	분
즐겁게 책읽기	시간	분
잼있게 놀기	시간	분

오전 오후

7 8 9 10 11 12 1 2 3 4 5 6 7 8 9 10

오늘의 나와 가장 가까운 답에 O표 하세요!

- 오늘의 기분은 어때요? ☐ 좋아요. ☐ 나빠요. ☐ 그냥 그래요.
- 아침밥을 먹었나요? ☐ 네. ☐ 아니요.
- 친구하고 사이좋게 지내고 있나요? ☐ 네. ☐ 아니요.
- 오늘도 힘찬 하루를 보낼 준비 됐나요? ☐ 네. ☐ 아니요.

59 덧셈(연습5)

소리내 풀기

색칠한 칸의 제일 옆에 있는 수에서 제일 위의 수를 더하세요

11+5 의 값을 적으세요

+	4	5	6	7
11	15			
12				
13	17			
14				
15				

15+5 의 값을 적으세요

tip 자꾸 틀리는 면 2~3일간 집중해서 계산연습을 해 보세요.

20문제 중 문제 맞았어!

확인문제

앞의 100까지 적은 표에서 보면
49보다 10이 더 작은수는 49의 바로 위에
있는 수입니다. 몇 일까요?

☐

활용문제

비어있는 네모에 적당한 수를 적으세요.

25 — 24 — ☐ — 22 — ☐

어제의 기록

어제했던 시간을 표시해봐요!

쿨쿨 잠자기	시	분
열심히 공부하기	시간	분
즐겁게 책읽기	시간	분
잼있게 놀기	시간	분

오전 오후

7 8 9 10 11 12 1 2 3 4 5 6 7 8 9 10

오늘의 준비

오늘의 할일을 적어봐요!

일어난 시간	시 분	날씨	☀ ⛅ 🌧 ☃
오늘 꼭! 할 일			

꼼꼼히 숙제하기	시간	분
열심히 공부하기	시간	분
즐겁게 책읽기	시간	분
잼있게 놀기	시간	분

오전 오후

7 8 9 10 11 12 1 2 3 4 5 6 7 8 9 10

오늘의 나와 가장 가까운 답에 O표 하세요!

- 오늘의 기분은 어때요? ☐ 좋아요. ☐ 나빠요. ☐ 그냥 그래요.
- 아침밥을 먹었나요? ☐ 네. ☐ 아니요.
- 친구하고 사이좋게 지내고 있나요? ☐ 네. ☐ 아니요.
- 오늘도 힘찬 하루를 보낼 준비 됐나요? ☐ 네. ☐ 아니요.

월 일
분 초

소리내 풀기

색칠한 칸의 제일 옆에 있는 수에서 제일 위의 수를 빼세요.

15−3 의 값을 적으세요

−	2	3	4	5
15	13			
14				
13	11			
12				
11				

tip 이번 책의 마지막 장입니다. 부족하면 다시 한번 풀어보세요.

20문제 중 문제 맞았어!

확인문제

앞의 100까지 적은 표에서 보면 49보다 20이 더 작은수는 49의 두칸 위에 있는 수입니다. 몇 일까요?

[ ]

활용문제

비어있는 네모에 적당한 수를 적으세요.

29 – 27 – [ ] – 23 – [ ]

어제의 기록

어제했던 시간을 표시해봐요!

쿨쿨 잠자기	시	분
열심히 공부하기	시간	분
즐겁게 책읽기	시간	분
잼있게 놀기	시간	분

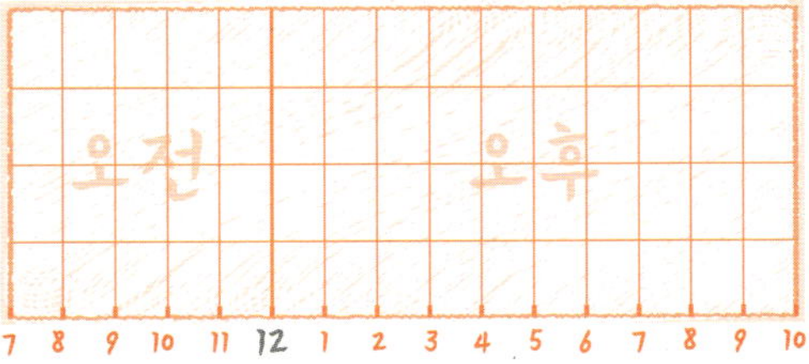

오늘의 준비

오늘의 할일을 적어봐요!

일어난 시간	시	분	날씨	
오늘 꼭! 할 일				

꼼꼼히 숙제하기	시간	분
열심히 공부하기	시간	분
즐겁게 책읽기	시간	분
잼있게 놀기	시간	분

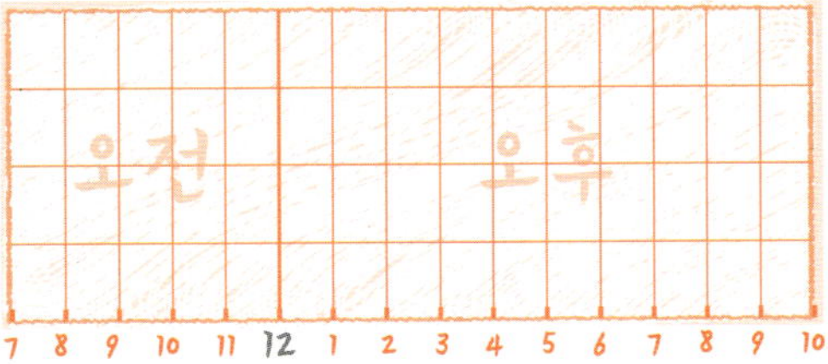

오늘의 나와 가장 가까운 답에 O표 하세요!

- 오늘의 기분은 어때요? ☐ 좋아요. ☐ 나빠요. ☐ 그냥 그래요.
- 아침밥을 먹었나요? ☐ 네. ☐ 아니요.
- 친구하고 사이좋게 지내고 있나요? ☐ 네. ☐ 아니요.
- 오늘도 힘찬 하루를 보낼 준비 됐나요? ☐ 네. ☐ 아니요.

연습1 수적어서 위치보기

월 일
분 초

밑의 네모안에 1부터 100까지의 수를 모두 적어 보세요.
1과 99가 어디 쯤 있는지 확인해 보세요.

소리내 풀기

									10
									20
									30
									40
									50
									60
									70
									80
									90
									100

tip 지금은 덧셈, 뺄셈보다 수의 위치와 감각을 찾는 것이 더 중요합니다.

100문제 중 문제 맞았어!

연습2 수적어서 위치보기

월 일
분 초

소리내 풀기 밑의 네모안에 1부터 100까지의 수를 모두 적어 보세요.

									50
									100

tip 5분안에 적지 않아도 됩니다. 천천히 바르게 쓰고, 수의 위치를 생각하세요.

100문제 중 문제 맞았어!

연습3 덧셈 연습

월 일
분 초

소리내 풀기

색칠한 칸의 제일 옆에 있는 수에서 제일 위의 수를 더하세요

+	6	8	9	10
11				
12				
13				
14				
15				

+	4	5	6	7
16				
17				
18				
19				
20				

40 문제 중 ( ) 문제 맞았어!

연습4 덧셈연습

월 일
분 초

소리내 풀기 색칠한 칸의 제일 옆에 있는 수에서 제일 위의 수를 더하세요

+	4	5	6	7
12				
14				
16				
18				
20				

+	1	4	7	9
11				
13				
15				
17				
19				

40 문제 중 문제 맞았어!

연습5 덧셈연습

소리내 풀기

색칠한 칸의 제일 옆에 있는 수에서 제일 위의 수를 더하세요

+	7	5	9	3
8				
24				
21				
19				
36				

+	2	8	6	4
9				
30				
26				
35				
13				

40 문제 중 ○ 문제 맞았어!

연습6 빨셈연습

월 일
분 초

소리내 풀기

색칠한 칸의 제일 옆에 있는 수에서 제일 위의 수를 빼세요.

–	6	8	9	10
11				
12				
13				
14				
15				

–	4	5	6	7
16				
17				
18				
19				
20				

40 문제 중 문제 맞았어!

월 일
분 초

소리내 풀기

색칠한 칸의 제일 옆에 있는 수에서 제일 위의 수를 빼세요.

−	4	5	6	7
12				
14				
16				
18				
20				

−	1	4	7	9
11				
13				
15				
17				
19				

40 문제 중 문제 맞았어!

연습8 빨셈연습

월 일
분 초

소리내 풀기

색칠한 칸의 제일 옆에 있는 수에서 제일 위의 수를 빼세요.

−	7	5	8	3
8				
24				
21				
19				
36				

−	2	9	6	4
9				
30				
26				
35				
13				

40 문제 중 ◯ 문제 맞았어!

하루를 준비하는

아침 5분 수학

1학년 1학기 **정답**

03 ① 4 ② 1 ③ 3 ④ 2 ⑤ 5 ⑥ 4
(확) 한, 두, 세, 네, 다섯, 세

04 ① 7 ② 6 ③ 8 ④ 8 ⑤ 10 ⑥ 7
(확) 여섯, 일곱, 여덟, 아홉, 열, 일곱

05 ① 6 ② 8 ③ 7 ④ 9 ⑤ 8 ⑥ 9
⑦ 7 ⑧ 10 (확) 8 (활) 여섯개

06 ① 4 ② 3 ③ 6 ④ 3 ⑤ 7 ⑥ 8
⑦ 8 ⑧ 9 ⑨ 9 ⑩ 10 (확) 4 (활) 윤희

07 ① 2 ② 6 ③ 2 ④ 3 (확) 2 (활) 3번째

08 ① 3 ② 4 ③ 4 ④ 3 ⑤ 6 ⑥ 1
(확) 2 (활) 5

09 ① 1 ② 3 ③ 1 ④ 3 ⑤ 5 ⑥ 4
⑦ 3 ⑧ 6 ⑨ 4 ⑩ 5 (확) 5 (활) 5개

10 ① 4 ② 6 ③ 3 ④ 5 ⑤ 7 ⑥ 2
⑦ 8 ⑧ 5 ⑨ 6 ⑩ 7 (확) 5 (활) 5개

11 ① 6 ② 8 ③ 5 ④ 7 ⑤ 9 ⑥ 4
⑦ 2 ⑧ 6 ⑨ 1 ⑩ 3 (확) 4 (활) 4개

12 ① 2 ② 3 ③ 1 ④ 6 ⑤ 2 ⑥ 5
⑦ 5 ⑧ 7 ⑨ 2 (확) 3 (활) 3개

13 ① 1+2, 3 ② 3+2, 5 ③ 1+4,5
④ 6+2, 8 ⑤ 5+2, 7 (확) 4+2=6
(활) 4+2=6

14 ① 3 ② 5 ③ 7 ④ 6 ⑤ 6 ⑥ 7
⑦ 8 ⑧ 9 ⑨ 8 ⑩ 9 ⑪ 10 ⑫ 10
(확) 7 (활) 사 더하기 삼은 칠입니다.

15 ① ㉮ ② ㉯ ③ ㉰ ④ ㉲ ⑤ ㉱
(확) × (활) 3

16 ① 3 ② 8 ③ 6 ④ 4 ⑤ 5 ⑥ 6
⑦ 5 ⑧ 7 ⑨ 8 ⑩ 9 ⑪ 8 ⑫ 7
⑬ 9 ⑭ 10 ⑮ 9 ⑯ 8 ⑰ 10 ⑱ 9
⑲ 10 ⑳ 10 (확) 8 (활) 8개

17 ① 5 ② 4 ③ 8 ④ 9 ⑤ 10 ⑥ 3
⑦ 7 ⑧ 6 ⑨ 5 ⑩ 6 ⑪ 10 ⑫ 7
⑬ 8 ⑭ 9 (확) 10 (활) 10개

18 ① 8-1,7 ② 3-2,1 ③ 3-1,2
④ 5-4,1 ⑤ 5-1,4 (확) 6-2=4
(활) 6-2=4

19 ① 1 ② 3 ③ 2 ④ 2 ⑤ 2 ⑥ 3
⑦ 7 ⑧ 1 ⑨ 3 ⑩ 8 ⑪ 1 ⑫ 2
(확) 3 (활)5-2=3

20 ① ㉮ ② ㉰ ③ ㉱ ④ ㉲ ⑤ ㉯
(확) = (활) 1

21 ① 1 ② 2 ③ 1 ④ 0 ⑤ 0
(확) 1 (활) 1대

22 ① 1 ② 2 ③ 2 ④ 2 ⑤ 1 ⑥ 2
⑦ 1 ⑧ 3 ⑨ 1 ⑩ 3 ⑪ 4 ⑫ 1
⑬ 6 ⑭ 4 ⑮ 1 ⑯ 0 ⑰ 5 ⑱ 6
⑲ 2 ⑳ 0 (확) 7 (활) 7

23 ① 5 ② 6 ③ 2 ④ 1 ⑤ 0 ⑥ 7
⑦ 3 ⑧ 4 ⑨ 9 ⑩ 8 ⑪ 4 ⑫ 7
⑬ 6 ⑭ 5 (확) 5 (활) 5

24 ① 11 ② 12 ③ 13 ④ 14 ⑤ 16 ⑥ 17
(확) 12 (활) 10개

25 ① 15 ② 13 ③ 17 ④ 19 ⑤ 18
(확) 15 (활) 15개

26 ① 5 ② 1 ③ 3 ④ 2 ⑤ 7 ⑥ 7
⑦ 6 ⑧ 8 ⑨ 10 ⑩ 10 (확) 2 (활) 2

27 ① 14 ② 12 ③ 15 ④ 18 ⑤ 19 ⑥ 10
⑦ 10 ⑧ 10 ⑨ 10 ⑩ 10 (확) 10
(활) 14-4=10

28 ① 14 ② 13 ③ 19 ④ 12 ⑤ 19 ⑥ 10
(확) 16 (활) 16

29 ① 6,10 ② 10,20 ③ 15,19 ④ 7,6
⑤ 14,10 (확) 18 (활) 2씩,18

30 ① 14 ② 13 ③ 16 ④ 13 ⑤ 17 ⑥ 18
⑦ 18 ⑧ 19 ⑨ 19 ⑩ 20 (확) 14 (활) 14

31 ① 17 ② 15 ③ 18 ④ 16 ⑤ 15,17
⑥ 15,19 ⑦ 16,12 ⑧ 15,11
(확) 17,15 (활) 1씩 작아진다.

32 ① 6 ② 8 ③ 7 ④ 10 ⑤ 9 ⑥ 10
⑦ 9 ⑧ 12 ⑨ 14 ⑩ 13 (확)6 (활)6개

33 ① 1 ② 2 ③ 5 ④ 3 ⑤ 3 ⑥ 1
⑦ 2 ⑧ 5 ⑨ 2 ⑩ 0 (확)3 (활)2개

34 ① 3 ② 4 ③ 9 ④ 11 ⑤ 9 ⑥ 7
⑦ 6 ⑧ 9 ⑨ 16 ⑩ 7 (확)3 (활)3개

35 ① 8 ② 8 ③ 13 ④ 14 ⑤ 1 ⑥ 4
⑦ 5 ⑧ 3 ⑨ 8 ⑩ 9 ⑪ 1 ⑫ 10
⑬ 8 ⑭ 11 (확) 5 (활) 3명

36 ① 7 ② 10 ③ 6 ④ 8 ⑤ 7 ⑥ 10
⑦ 10 ⑧ 18 ⑨ 10 ⑩ 19 ⑪ 10 ⑫ 14
⑬ 10 ⑭ 16 ⑮ 10 ⑯ 17 (확) 7,10
(활) 10송이

37 ① 7 ② 4 ③ 6 ④ 4 ⑤ 7 ⑥ 0
⑦ 10 ⑧ 2 ⑨ 10 ⑩ 1 ⑪ 6 ⑫ 10
⑬ 8 ⑭ 14 ⑮ 2 ⑯ 9 (확) 7,2
(활) 2송이

38 ① (1,2), 12 ② (2,3), 13 ③ (1,4), 14
④ (1,3), 13 ⑤ (3,3). 13 ⑥ (2,5), 15
⑦ (1,8), 18 ⑧ (3,0), 10 (확) (1,2) 12
(활) 1,2

39 ① (1,1), 11 ② (1,3), 13 ③ (1,4), 14
④ (1,5), 15 ⑤ (2,1), 11 ⑥ (2,3), 13

⑦ (2,4), 14 ⑧ (2,2), 12 ⑨ (3,2), 12
⑩ (3,1), 11 ⑪ (3,3), 13 ⑫ (4,1), 11
(확) (1,1), 11 (활) 1,1

40 ① (2,1), 12 ② (3,2), 13 ③ (4,1), 14
④ (3,1), 13 ⑤ (3,3), 13 ⑥ (5,2), 15
⑦ (8,1), 18 ⑧ (0,3), 10 (확) (3,2),13
(활) 3,2

41 ① (1,1), 11 ② (3,1), 13 ③ (4,1), 14
④ (5,1), 15 ⑤ (1,2), 11 ⑥ (3,2), 13
⑦ (4,2), 14 ⑧ (2,2), 12 ⑨ (2,3), 12
⑩ (1,3), 11 ⑪ (3,3), 13 ⑫ (1,4), 11
(확) (2,1), 11 (활) 더 작은수를 가르는 것이 계산이 쉽습니다.

42 ① (2,1), 11 ② (3,1), 11 ③ (3,3), 13
④ (4,1), 14 ⑤ 11 ⑥ 11 ⑦ 11
⑧ 13 ⑨ 12 ⑩ 12 ⑪ 15 ⑫ 12
(확) (1,3), 13 (활) 4

43 ① 12 ② 11 ③ 15 ④ 16 ⑤ 17 ⑥ 18
⑦ 14 ⑧ 12 ⑨ 10 ⑩ 15 ⑪ 13 ⑫ 14
⑬ 11 ⑭ 12 (확) 17 (활) 17

44 ① (1,10), 4 ② (6,10), 8 ③ (5,10), 6
④ (2,10), 4 ⑤ (3,10), 6 ⑥ (5,10), 7
⑦ (4,10), 8 ⑧ (3,10), 4 (확) (3,10),9
(활) 9

45 ① (2,10), 3 ② (3,10), 4 ③ (5,10), 6
④ (4,10), 5 ⑤ (3,10), 5 ⑥ (5,10), 7
⑦ (6,10), 8 ⑧ (4,10), 6 ⑨ (5,10), 8
⑩ (2,10), 7 ⑪ (7,10), 9 ⑫ (6,10), 7
(확) (2,10),3 (활) 3

46 ① (2,1), 9 ② (1,3), 7 ③ (3,1), 9
④ (4,2), 8 ⑤ (5,1), 9 ⑥ (2,3), 7
⑦ (4,0), 10 ⑧ (3,4), 6 (확) (3,1),9
(활) 9

47 ① (2,6), 4 ② (3,5), 5 ③ (5,3), 7
④ (3,6), 4 ⑤ (2,5), 5 ⑥ (4,3), 7
⑦ (5,2), 8 ⑧ (3,4), 6 ⑨ (4,2), 8
⑩ (6,2), 8 ⑪ (6,1), 9 ⑫ (5,1), 9
(확) (2,6), 4 (활) 2,6

48 ① (2,6), 4 ② (2,10), 4 ③ (3,4), 6
④ (3,10), 6 ⑤ (5,1), 9 ⑥ (5,10), 9
⑦ (6,2), 8 ⑧ (6,10), 8 ⑨ (3,2), 8
⑩ (3,10), 8 ⑪ (2,2), 8 ⑫ (2,10), 8
(확) (2,10), 4 (활) 자기가 편한 방법이 더 쉬운 방법입니다. (다 맞음)

49 ① 10 ② 11 ③ 7 ④ 6 ⑤ 5 ⑥ 4
⑦ 8 ⑧ 9 ⑨ 11 ⑩ 10 ⑪ 6 ⑫ 9
⑬ 8 ⑭ 7 (확) (3,4) 6 (활) (3,10), 6

50 ① 1 ② 12 ③ 2 ④ 18 ⑤ 5 ⑥ 7
⑦ 9 ⑧ 10 ⑨ 6 ⑩ 9 (확)1 (활)1자루

51 ① 23 ② 25 ③ 34 ④ 36 ⑤ 47 ⑥ 49
(확) 33자루 (활) 33자루

52 ① 27 ② 3,6 ③ 5,0 ④ 33 ⑤ 4,9 ⑥ 9
(확) 24 (활) 20개

53 ① 41 ② 38 ③ 45 ④ 34 ⑤ 47 ⑥ 40
(확) 43 (활) 43

54 ① 33 ② 42 ③ 22 ④ 19 ⑤ 31 ⑥ 20
⑦ 42 ⑧ 25 ⑨ 49 ⑩ 49 (확) 29
(활) 십의자리는 같으나 일의자리가 29가 더 큽니다.

55 ① 38 ② 31 ③ 50 ④ 20 ⑤ 35,37
⑥ 25,35 ⑦ 46,42 ⑧ 35,25
(확) 50 (활) 30,50

56 (확) 39 (활) 37,57

57 ① 11 ② 10 ③ 14 ④ 15 ⑤ 16 ⑥ 9
⑦ 13 ⑧ 12 ⑨ 10 ⑩ 11 ⑪ 15 ⑫ 12
⑬ 13 ⑭ 14 (확) 49 (활) 23,25

58 ① 11 ② 12 ③ 8 ④ 7 ⑤ 6 ⑥ 5
⑦ 9 ⑧ 10 ⑨ 12 ⑩ 11 ⑪ 9 ⑫ 7
⑬ 8 ⑭ 10 (확) 9 (활) 33,13

59
15,16,17,18
16,17,18,19
17,18,19,20
18,19,20,21
19,20,21,22
(확)39 (활) 23,21

60
13,12,11,10
12,11,10, 9
11,10, 9, 8
10, 9, 8, 7
9 ,8 ,7 ,6
(확)29 (활)25,21

연습3
17,19,20,21
18,20,21,22
19,21,22,23
20,22,23,24
21,23,24,25

20,21,22,23
21,22,23,24
22,23,24,25
23,24,25,26
24,25,26,27

연습4
16,17,18,19
18,19,20,21
20,21,22,23
22,23,24,25
24,25,26,27

12,15,18,20
14,17,20,22
16,19,22,24
18,21,24,26
20,23,26,28

연습5
15,13,17,11
31,29,33,27
28,26,30,24
26,24,28,22
43,41,45,39

11,17,15,13
32,38,36,34
28,34,32,30
37,43,41,39
15,21,19,17

연습6
5, 3, 2, 1
6, 4, 3, 2
7, 5, 4, 3
8, 6, 5, 4
9, 7, 6, 5

12,11,10, 9
13,12,11,10
14,13,12,11
15,14,13,12
16,15,14,13

연습7
8, 7, 6, 5
10, 9, 8, 7
12,11,10, 9
14,13,12,11
16,15,14,13

10, 7, 4, 2
12, 9, 6, 4
14,11, 8, 6
16,13,10, 8
18,15,12,10

연습8
1, 3, 0, 5
17,19,16,21
14,16,13,18
12,14,11,16
29,31,28,33

7, 0, 3, 5
28,21,24,26
24,17,20,22
33,26,29,31
11, 4, 7, 9

메모 하세요!